W0339552

Stefan Seip

Himmelsfotografie

mit der digitalen Spiegelreflexkamera

Die schönsten Motive
bei Tag und Nacht

KOSMOS

Inhalt

Die Kamera mit Stativ

Die Kamera auf einer Astro-Montierung

Das Fernrohr als Teleobjektiv

Lange Belichtungen durch das Fernrohr

Tipps & Tricks für Aufnahmen und Bearbeitung

Ein guter Start in die Himmelsfotografie

Nie war die Himmels- und Astrofotografie so einfach wie heute. Durch den technischen Fortschritt der Digitalkameras und der verfügbaren Software stehen jedem Hobby-Fotografen leistungsfähige Mittel zur Verfügung.

Selbst ohne jahrelange Erfahrung und ohne astronomische Spezialausrüstung ist es inzwischen möglich, beeindruckende Aufnahmen des Tag- und Nachthimmels zu erhalten. Maßgeblich dazu beigetragen hat die rasante Entwicklung der digitalen Spiegelreflexkamera, abgekürzt DSLR (für Digital Single Lens Reflex), um die es in diesem Buch geht. Mittlerweile sind Modelle zu moderaten Preisen verfügbar, die kaum noch Wünsche offen lassen und –, was genau so wichtig ist – die sich in ihrer Handhabung nicht wesentlich von ihren anlogen Vorgängern unterscheiden. Die Möglichkeit der sofortigen Kontrolle eines Fotos unmittelbar nach der Aufnahme ermöglicht mit einer DSLR jedoch ein schnelleres Lernen und frühe Erfolge.

Die helle Venus über einer schönen Kulisse.

DSLR – die Allround-Kamera

Alle Digitalkameras sind auf den Massenmarkt zugeschnitten und befriedigen daher keineswegs sämtliche speziellen Bedürfnisse der Himmelsfotografie. Doch ermöglicht die hohe Flexibilität und das breite Anwendungsspektrum einer DSLR, dass eine enorme Vielzahl an unterschiedlichen Himmelsmotiven erschlossen werden kann, mehr, als mit jeder anderen Kamera: Eine Videokamera mag besser für Planetenaufnahmen geeignet sein, aber Galaxien können Sie damit nicht aufnehmen. Eine Astro-CCD-Kamera mit gekühltem Schwarzweißsensor und Farbfilterrad beherrscht die Deep-Sky-Fotografie besser als eine DSLR, doch einen stimmungsvollen Mondaufgang kann sie nicht festhalten. Stellt ein Planetenfotograf mit einer Videokamera fest, dass die Luftunruhe keine scharfen Aufnahmen zulässt, könnte er mit einer DSLR umdisponieren und stattdessen Weitwinkelaufnahmen der Milchstraße machen. Und während ein Deep-Sky-Jäger mit Astro-CCD-Kamera entmutigt einpackt, weil eine hochnebelartige Bewölkung aufzieht, hätte er mit einer DSLR unter diesen Bedingungen vielleicht einen eindrucksvollen Halo um den Mond ablichten können.

Übung macht den Meister

Digital und schnell verfügbar heißt aber nicht „schöne Bilder ohne Mühen". Spätestens bei echten Nachtaufnahmen ist eine Bildverarbeitung obligatorisch. Sie bildet neben der Aufnahme eine zweite, gleichwertige Säule auf dem Weg zu einem gelungenen Astrofoto. Dabei geht es darum, die im Bild vorhandenen Informationen in optimaler Weise sichtbar zu machen sowie Artefakte zu eliminieren, die als Begleiterscheinung der Digitalfotografie auftreten. Allgemein gültige „Kochrezepte" dazu gibt es nicht, zu unterschiedlich sind die Motive und die Rohdaten aus den Kameras. Vielmehr ist ein grundlegendes Verständnis der Bearbeitungsschritte notwendig, weshalb wichtige Verfahren der Bildverarbeitung auch in diesem Buch zur Sprache kommen. Als Zusatzangebot finden Sie weitere Bearbeitungsschritte unter www.astromeeting.de/himmelsfotografie.htm. Etliche grundlegende Techniken der Astrofotografie haben sich mit der Einführung der Digitaltechnik nicht verändert. Nach wie vor ist bei langen Belichtungen, wenn die Sterne punktförmig bleiben sollen, eine astronomische Montierung und eine motorische Nachführung notwendig, bei sehr kleinen Objekten auch ein Fernrohr. Die Handhabung dieser Geräte mit besonderem Blick auf die Anforderungen der Astrofotografie ist ebenso Bestandteil dieses Buches.

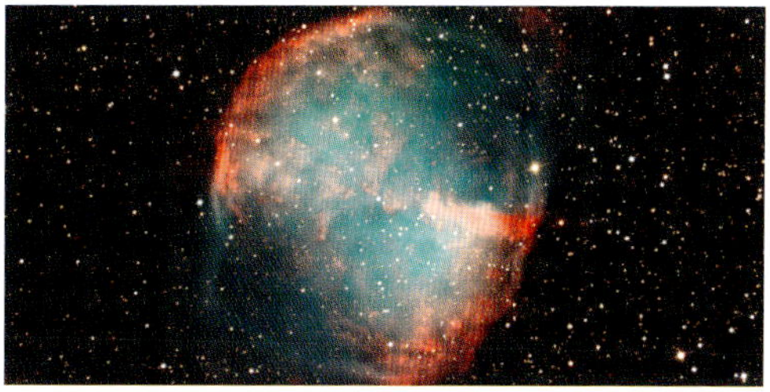

Der Hantelnebel im Sternbild Füchschen.

Das Buch ist Ihr Begleiter

Am meisten werden Sie von diesem Buch profitieren, wenn Sie die Kapitel in ihrer Reihenfolge durcharbeiten, denn der Schwierigkeitsgrad steigert sich von einem Kapitel zum nächsten. Dies gilt sowohl für Einsteiger als auch für Fortgeschrittene, denn viele Tipps und Tricks werden nur ausführlich in dem Kapitel beschrieben, in dem sie erstmalig zur Sprache kommen, obwohl sie häufig auch in anderen Bereichen hilfreich sind. Dies gilt insbesondere für den ausführlichen Technikteil *Tipps & Tricks für Aufnahmen und Bearbeitung* ab S. 106, in dem grundlegende Schritte der Aufnahmetechnik und Bildbearbeitungsmethoden dargestellt werden.

Mit einer digitalen Spiegelreflexkamera halten Sie ein mächtiges Instrument in den Händen, um die Schönheit des Himmels bei Tag und bei Nacht fotografisch festzuhalten. Auch wenn nicht alles auf Anhieb gelingen wird, liegt ein spannender Weg vor Ihnen, auf dem dieses Buch Ihr Begleiter sein soll. Viel Freude und Erfolg dabei wünscht Ihnen

Stefan Seip

Die Kamera mit Stativ

Stimmungsfotos des Himmels

Für die Himmelsfotografie ist entgegen der landläufigen Meinung keine kostspielige Ausrüstung nötig. Am Anfang benötigen Sie lediglich eine digitale Spiegelreflexkamera, einen Computer mit einem Bildbearbeitungsprogramm und idealerweise ein Fotostativ.

Für den Start in die Himmelsfotografie ist also weder ein Fernrohr noch eine Fernrohrmontierung Voraussetzung. Versuchen Sie stattdessen zunächst, aus Ihrer vorhandenen Ausrüstung das Maximale herauszuholen. Und das ist eine ganze Menge!

Es bedarf keiner großen Ausrüstung, um in der Dämmerung mit einer schönen Kulisse eindrucksvolle Fotos von Sternen, Planeten und dem Mond zu machen.

Die Kamera kennenlernen

Bevor es losgeht, sollten Sie sich mit den wichtigsten Einstellungen Ihrer digitalen Spiegelreflexkamera vertraut machen, die im Folgenden der Kürze halber DSLR (für Digital Single Lens Reflex) genannt wird. Schließlich müssen die richtigen Handgriffe auch bei Dunkelheit „sitzen". Dazu ist es aber nicht notwendig, das weit verzweigte Kameramenü bis in den letzten Winkel zu erforschen. Nehmen Sie sich zunächst einfach die im Kasten *Erste Schritte mit Ihrer DSLR* auf Seite 10 aufgelisteten Funktionen vor, um Ihre Kamera kennenzulernen.

Das Einstellen dieser Funktionen ist je nach Kamerahersteller unterschiedlich. Teilweise gibt es sogar deutliche Unterschiede innerhalb der Modellpalette eines Herstellers. Daher muss an dieser Stelle auf das Studium der Bedienungsanleitung verwiesen werden. Empfehlenswert sind „Trockenübungen" bei Tageslicht mit anschließender Kontrolle der Ergebnisse an

Einer der ersten Übungsschritte mit Ihrer DSLR: Einstellen der ISO-Zahl.

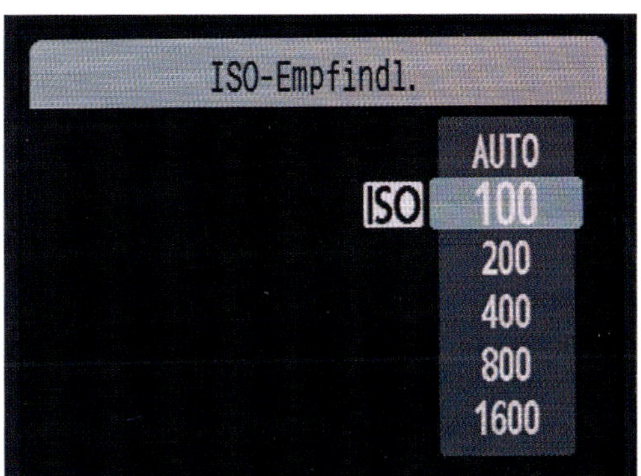

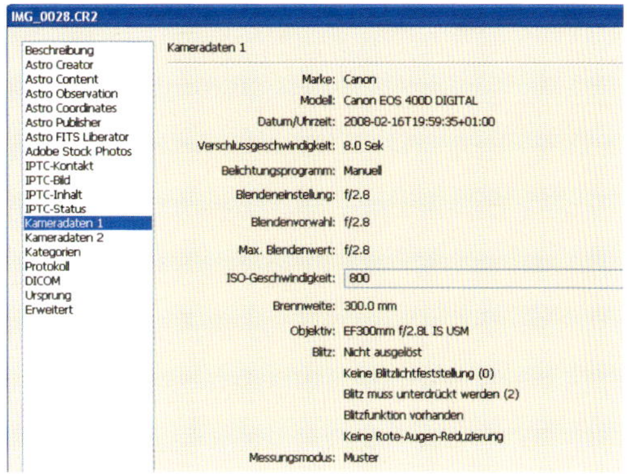

In jedem Digitalfoto sind alle wichtigen Aufnahmeparameter gespeichert.

einem Computer mit einem Bildverarbeitungsprogramm.

Praktisch ist, dass die Kamera alle wichtigen Aufnahmeparameter in der Bilddatei speichert, so dass Belichtungszeit, Blende, ISO-Zahl, Brennweite und vieles mehr dokumentiert werden. In Photoshop dient zur Anzeige dieser Daten der Befehl „Datei/Dateiinformationen...", der ein Dialogfeld aufruft, in dem Sie die Rubriken „Kameradaten 1" und „Kameradaten 2" anklicken können.

Erste Experimente bei Tageslicht

Um sich weiter mit Ihrer DSLR vertraut zu machen, können Sie zunächst einige Experimente bei Tageslicht durchführen, bevor es „ernst" wird. Hierzu einige Anregungen.

ISO-Zahl Je höher Sie die ISO-Zahl stellen, desto empfindlicher reagiert der Aufnahmesensor auf einfallendes Licht. Die ISO-Stufen 100, 200, 400, 800, 1600, 3200 usw. bedeuten jeweils eine Verdopplung der

Erste Schritte mit Ihrer DSLR
▶ Umschalten von Belichtungsautomatik auf manuelle Einstellung
▶ Einstellen von Belichtungszeit und Blende im manuellen Modus
▶ Funktionsweise der Zeitautomatik „A" oder „Av" (wenn Automatik verwendet wird, dann nur Zeitautomatik statt Vollautomatik)
▶ Verwendung der Messwertspeicherung („Einfrieren" der von der Belichtungsautomatik gewählten Belichtung)
▶ Verwendung der Belichtungskorrektur (gezielte Unter- oder Überbelichtung gegenüber dem von der Automatik gewählten Wert)
▶ Verändern der ISO-Zahl
▶ Ein- und Ausschalten der Spiegelvorauslösung
▶ Ein- und Ausschalten der automatischen Rauschunterdrückung
▶ Wahl des Dateiformats (bevorzugt: RAW)
▶ Einschalten der Displaybeleuchtung, die das Ablesen bei Nacht erleichtert
▶ Ausschalten der automatischen Bildanzeige nach jeder Aufnahme (kostet Energie und beeinträchtigt die Dunkeladaption der Augen)
▶ Anzeigen des Histogramms einer Aufnahme
▶ Aus- und Einschalten des Autofokus
▶ Formatieren der Speicherkarte
▶ Manuelles Einstellen des Weißabgleichs
▶ Aus- und Einschalten des Bildstabilisators (falls vorhanden)
▶ Einstellung der Kamera auf Dauerbelichtung („bulb")

Lichtempfindlichkeit, die technisch durch eine immer größere Signalverstärkung bewerkstelligt wird. Höhere Lichtempfindlichkeiten können Sie einsetzen, um die Belichtungszeit zu verkürzen und/oder eine kleinere Blendenöffnung zu verwenden. Ersteres ist für Dämmerungs- und Nachtaufnahmen ein verlockender Gedanke. Der Nachteil hoher ISO-Zahlen ist jedoch ein Anstieg des Bildrauschens. Dieses Rauschen verleiht dem Bild ein zunehmend „grieseliges“ Aussehen (s. Tippkasten *Rauschtest bei hoher Empfindlichkeit* rechts).

Automatische Rauschreduzierung Mit einer zweiten Testreihe können Sie klären, ob und wie stark sich bei Ihrer Kamera die einschaltbare Rauschreduzierung auswirkt. Technisch gesehen nimmt die Kamera bei eingeschalteter Rauschreduzierung nach jedem Foto ein Dunkelbild (s. Seite 126f) auf. Bietet Ihre Kamera außer „Ein“ und „Aus“ noch als dritte Möglichkeit „Automatik“, verwenden Sie diese keinesfalls, denn dann entscheidet die Kamera, ob ein Dunkelbild nötig ist oder nicht.
Für Ihre Testreihe benötigen Sie ein dunkles Motiv, denn die Belichtungszeit sollte auf jeden Fall länger als eine Sekunde sein, am besten zwischen 10 und 30 Sekunden. Das heißt, die Kamera gehört auf ein Stativ. Machen Sie anschließend in den ISO-Stufen 100, 400 und 1600 jeweils zwei Aufnahmen, eine mit und eine ohne eingeschaltete Rauschreduzierung. Wiederum öffnen Sie die Fotos mit Photoshop, um nach eventuellen Vorteilen der Aufnahmen mit eingeschalteter Rauschreduzierung zu suchen. Ganz bewusst wähle ich das Wort „suchen“, denn bei modernen Kameras ist der Unterschied oft erst auf den zweiten Blick zu erkennen.

TIPP: Rauschtest bei hoher Empfindlichkeit

Nehmen Sie mit aktiver Belichtungsautomatik ein- und dasselbe Motiv mit allen zur Verfügung stehenden, oben erwähnten ISO-Werten auf, halbe oder drittel Zwischenwerte können Sie dabei auslassen. Öffnen Sie die entstandenen Probeaufnahmen in Photoshop und vergleichen Sie die Resultate bei der Zoom-Stufe 100 % (Befehl „Ansicht/Tatsächliche Pixel“). Achten Sie vor allem auf dunkle Motivbereiche, die im Schatten liegen. Dort wird das Rauschen bei hohen ISO-Werten besonders stark in Erscheinung treten. Spiegelreflexkameras neueren Datums werden bis ISO 800 relativ rauscharme Ergebnisse abliefern, darüber hinaus lässt sich das Rauschen nicht mehr übersehen.

Die eingeschaltete Rauschreduzierung (rechts) ist gegenüber dem Bild links kaum sichtbar.

Manuelle Belichtungskorrektur/Histogramm Fotografieren Sie ein Standardmotiv bei Tageslicht und belichten Sie zunächst ganz normal mit Zeitautomatik. Danach stellen Sie die manuelle Belichtungskorrektur auf –2 und wiederholen die Aufnahme. Verfahren Sie ebenso mit der Einstellung –1, +1 und +2. Minus bedeutet eine absichtliche Unterbelichtung, plus eine Überbelichtung gegenüber dem Automatikwert. Lassen Sie sich an der Kamera oder in Photoshop (Befehl „Bild/Anpassungen/Tonwertkorrektur...“) die Histogramme zu den Bildern anzeigen und versuchen Sie, diese zu interpretieren (vgl. Seite 135ff). Führen Sie ähnliche Testreihen auch mit allen anderen auf Seite 10 erwähnten Kameraeinstellungen durch, um ihren Einfluss auf die Fotos nachvollziehen zu können.

Zubehör für die Himmelsfotografie

Wenn Sie die Bedienung Ihrer DSLR im Griff haben, können Sie loslegen. Je nach Motiv benötigen Sie allenfalls noch einige Zubehörteile, die für Himmels- und Astrofotografen von genereller Bedeutung sind:

Stativ Ein solides Stativ ist vielfach wünschenswert oder erforderlich. Erstens können Sie Ihre Kamera in Ruhe auf das Motiv ausrichten und danach eine ganze Reihe von Fotos aufnehmen, ohne immer wieder neu auf den Ausschnitt achten zu müssen. Zweitens eliminieren Sie mit einem Stativ eine der Hauptursachen unscharfer Fotos, nämlich Verwacklungen aufgrund von zu langen Belichtungszeiten. Viele auf den ersten Blick scharf erscheinende Aufnahmen zeigen bei näherer Betrachtung eine leichte Unschärfe, weil die Belichtungszeit zu lang war und Aufnahmen aus der Hand zu Verwacklungen geführt haben. Schon während der Dämmerung ist schnell der Zeitpunkt erreicht, wo ein Stativ unverzichtbar wird. Das Hochschrauben der ISO-Zahl, also der „Empfindlichkeit“ des Aufnahmesensors, um die nötige Belichtungszeit zu verkürzen, ist keine gute Lösung wegen des eben erwähnten Bildrauschens, das dann sichtbar

Nur ein stabiles Stativ kann Verwacklungen bei Langzeitbelichtungen vermeiden. Kleines Bild: Hebelklemmungen an den Stativbeinen.

TIPP: Bildstabilisator abschalten

Schalten Sie einen eventuell in der Kamera oder dem Objektiv befindlichen Bildstabilisator („Image Stabilizer") unbedingt ab, wenn die Kamera auf ein Stativ montiert wird. Das gilt für ausnahmslos alle Fälle, in denen Aufnahmen nicht „aus freier Hand" gemacht werden. Durch versehentliche Aktivität der Stabilisierung können ansonsten „zittrige" Sternfiguren entstehen.

zunimmt. Der Gebrauch eines Stativs versetzt Sie in die Lage, die ISO-Zahl auf niedrigen Werten zu belassen.

Die Auswahl eines angemessenen Stativs gleicht der Quadratur des Kreises: Einerseits soll und muss es stabil sein, um selbst einer Windböe zu trotzen und die Kamera auch dann noch sicher zu tragen, wenn einmal ein schweres Objektiv mit langer Brennweite angesetzt ist. Andererseits darf es nicht zu schwer sein, sonst führt man es aus Bequemlichkeitsgründen nicht oft oder nicht gerne mit sich. Nur ein Kompromiss führt aus dieser Situation, auch dann, wenn man tiefer in die Tasche greift und moderne Werkstoffe wie Karbon wählt. In jedem Fall sollten Sie sich in einem Fachgeschäft verschiedene Modelle zeigen lassen, um mit Ihrer Kamera auszuprobieren, welches davon in Frage kommt. Eine „blinde" Bestellung im Internet kann letztlich viel Lehrgeld kosten.

Entscheiden Sie sich am besten für ein Stativ, dessen Beine sich mit Hilfe einer Hebelklemmung arretieren lassen und nicht mit einem Drehmechanismus (s. kleine Abb. linke Seite). Letztere sind bei tiefen Temperaturen mit Handschuhen nicht gut zu bedienen und bereiten mit der Zeit Probleme. Zieht man sie zu fest an, lassen sie sich kaum wieder lösen, reicht die Klemmung nicht aus, droht ein Bein einzusinken und das Stativ umzukippen.

Ein stabiles Klemmstativ, das an Zaunpfählen, einem Ast oder einer Bank befestigt werden kann, ist als Notlösung besser als gar kein Stativ. Wählen Sie am besten ein Modell, das sich später unter Umständen auch an der Gegengewichtsstange eines Teleskops befestigen lässt (Abb. unten).

Stativ und Stativkopf können separat erworben werden. Als Kopf kommen ein Kugelkopf, ein klassischer 3D-Neiger und ein

Klemmstativ zur Befestigung einer Kamera an der Gegengewichtsstange einer Fernrohrmontierung.

Mit einem Blitzgerät, Kabelauslöser, Speicherkarten, Ersatzakku und einem lichtstarken Objektiv (von links nach rechts) sind Sie für Stimmungsaufnahmen bestens ausgestattet.

Getriebeneiger in Frage. Welche Wahl Sie treffen, hängt in erster Linie von Ihren persönlichen Vorlieben ab, erlaubt ist alles, was stabil genug ist. Denken Sie daran, dass der Wechsel von Quer- auf Hochformataufnahmen sowie das An- und Abmontieren der Kamera mit wenigen Handgriffen möglich sein sollten.

Kabelauslöser Auch mit Verwendung eines Stativs drohen verwackelte Aufnahmen, wenn man den normalen Kameraauslöser benutzt. Abhilfe schaffen Kabelauslöser, die die klassischen „Drahtauslöser“ ersetzt haben. Unglücklicherweise sind die Anschlussbuchsen der Kameras nicht genormt, so dass Sie darauf achten müssen, den richtigen Kabelauslöser zu erwerben. Einfache Modelle haben nur eine Auslösetaste, die sich für Langzeitbelichtungen mit der Einstellung „bulb“ arretieren lässt. Mehr Funktionen bieten Produkte, mit denen sich Aufnahmeserien und -intervalle programmieren lassen. Das ist praktisch und nützlich, wenn Sie z. B. eine ganze Bilderserie aufnehmen möchten, aus der danach eine Strichspuraufnahme entstehen soll (vgl. S. 36).
Ist der Kabelauslöser einmal nicht zur Hand, können Sie als Behelfslösung den Selbstauslöser der Kamera verwenden. Die Erschütterungen, die durch das Drücken des Kameraauslösers verursacht werden, klingen während der Vorlaufzeit des Selbstauslösers ab.

Blitzgerät „Ein Blitzgerät für Himmelsaufnahmen?“, werden Sie jetzt vielleicht fragen. Das Blitzgerät soll natürlich keine Himmelskörper aufhellen, sehr wohl aber

Vordergrundobjekte im Bild wie beispielsweise Bäume, Zweige oder ein in der Landschaft stehendes Fernrohr nebst Astronom. Verzichtet man auf den Einsatz des Blitzes, werden Objekte im Vordergrund oftmals nur als Silhouette auf dem Foto wiedergegeben, was auch seinen Reiz haben kann. Mit Blitzgerät jedoch gelingen Bilder, bei denen der Sternenhimmel und das Geschehen auf der Erde gleichzeitig erkennbar sind (vgl. Foto Seite 40/41).
Am besten drosselt man die Leistung des Blitzgerätes etwas, um die Nacht- oder Dämmerungsstimmung nicht zu beeinträchtigen, z. B. durch Einstellung der Blitzbelichtungskorrektur an der Kamera oder dem Blitz um etwa –1,5 bis –2 Stufen. Wenn Ihre Kamera mit einem eingebauten Blitzgerät ausgestattet ist, mag dieses in manchen Fällen ausreichend sein. Allerdings ist die Lichtleistung sehr begrenzt und weiter entfernte Objekte können nicht mehr ausgeleuchtet werden.

Ersatzakkus Eine DSLR ist auch während einer Langzeitbelichtung auf die Energieversorgung des Akkus angewiesen. Nur wenige Modelle stehen eine lange Aufnahmenacht mit einem einzigen Akku durch, bei manchen wird es schon nach wenigen Stunden kritisch. Daher ist es eine gute Idee, geladene Ersatzakkus bereit zu halten. In kalten Nächten stecken Sie diese am besten in die gewärmte Hosentasche, denn die Akkuleistung lässt bei tiefen Temperaturen erheblich nach.
Sehr kontrovers wird die Frage diskutiert, ob es unbedingt die kostspieligen Akkus des Kameraherstellers sein müssen oder ob „Nachbauten", meist aus Fernost, zu einem Bruchteil des Preises ausreichen. Ich kann diese Frage nicht endgültig beantworten, verwende selbst aber nur Originalakkus. Das Risiko, dass unwiederbringliche Motive durch Versagen von Akkus verloren gehen, ist mir zu hoch. Außerdem bin ich der Auffassung, dass eine hochwertige Kamera das beste und sicherste Zubehör verdient. Sollte ein Akku überhitzen und die Kamera beschädigen, steht der Hersteller nur dann dafür gerade, wenn ein Originalakku verwendet wurde.
Wenn Sie in Reichweite einer Steckdose sind, sind mit einem zu Ihrer Kamera passenden Netzgerät diese Probleme gelöst.

Speichermedien Glücklicherweise sind Speicherkarten mittlerweile zu sehr moderaten Preisen zu erwerben. Es spricht also nichts dagegen, sich eine oder zwei Ersatzkarten zu beschaffen. Für die Himmels- und Astrofotografie ist es nicht notwendig, auf die Schnelligkeit der Speichermedien zu achten, denn Geschwindigkeit muss immer noch teuer bezahlt werden. Schnelle Aufnahmefolgen, die solche Karten erfordern, spielen – mit wenigen Ausnahmen – hier keine Rolle. Um auch für die Ausnahmefälle gerüstet zu sein, etwa einen Transit der Internationalen Raumstation ISS vor der Sonne, kann man sich ja mit einer einzigen schnelleren Karte ausstatten.
Statt auf Geschwindigkeit ist eher auf die Zuverlässigkeit zu achten, damit keine Bilder durch Datenverlust zerstört werden. Produkten von Markenherstellern ist daher der Vorzug zu geben, anstatt Billigstprodukten für ein paar Euro zu vertrauen. Hüten Sie sich auch vor gefälschten Karten, die nur das Label eines Markenherstel-

lers tragen und gewöhnlich sehr preiswert sind. Übertragen Sie vor einer Aufnahmenacht alle Bilder von den Karten auf ein externes Speichermedium und beginnen Sie Ihre Aufnahmen mit leeren Karten. Hin und wieder sollten Speicherkarten mit Hilfe eines Menübefehls Ihrer DSLR formatiert werden. Zusätzlich habe ich mir angewöhnt, eine Karte dann zu formatieren, wenn sie von einer Kamera in eine andere gewechselt wird.

Utensilien zur Sensorreinigung Obwohl einige Kameramodelle über verschiedene Mechanismen zur Selbstreinigung des Aufnahmesensors verfügen, wird es auf Dauer nicht zu vermeiden sein, dass sich Staub- und Schmutzpartikel auf dem Sensor niederlassen und dann als schwarze Pünktchen auf den Fotos zu sehen sind. Je kleiner die Blendenöffnung und je länger die Brennweite, desto deutlicher und schärfer wird der Schmutz abgebildet. Hält sich die Anzahl der störenden Sensorflecken in Grenzen, können sie bei der Bildbearbeitung in Photoshop durch das Stempel- oder das Bereichsreparaturwerkzeug leicht beseitigt werden (eine Anleitung dazu können Sie downloaden unter: www.astromeeting.de/astrofotografie_digital.htm, Datei „Schmutzpartikel und Pixelfehler"). Nehmen die Flecken überhand, muss der Sensor gereinigt werden. Dazu bietet der Fachhandel eine ganze Palette von verschiedenen Produkten an, mit denen eine weitgehend gefahrlose Reinigung durchführbar ist. Man kann über die hohen Preise dieser Reinigungskits klagen, muss sich aber darüber im Klaren sein, dass ein Kratzer auf dem Sensor, verursacht durch eine unsachgemäße Reinigung, erhebliche Folgen hat. Das ist unter allen Umständen zu verhindern, denn der Austausch eines zerkratzten Sensors verursacht immense Reparaturkosten. Den Anleitungen, die den Reinigungsmaterialien beiliegen, ist daher unbedingt Folge zu leisten.
Volles Verständnis habe ich für diejenigen, die das Risiko scheuen und sich zunächst an eine Sensorreinigung nicht herantrauen. Im Zweifelsfall gibt es die Möglichkeit, die Reinigung bei einem Fachhändler oder gar beim Kamerahersteller durchführen zu lassen. Auf längere Sicht jedoch ist das die

Schmutzpartikel auf dem Sensor sind praktisch unvermeidbar. Reinigen Sie ihn aber erst, wenn der Schmutz überhand nimmt.

Schmutz im Sucher

Durch den Sucher zu sehender Staub liegt auf der Einstellscheibe der Kamera und hat auf das Bild keinen Einfluss. Umgekehrt wird Schmutz auf dem Sensor im Sucher nie sichtbar.

teuerste Variante. Zudem ist es keine Lösung, wenn Sie sich auf einer Reise befinden und der Sensor verschmutzt ist. Erfahrungsgemäß müssen die anfänglichen Bedenken eines Tages überwunden werden, um zu erkennen, dass man bei der Sensorreinigung zwar vorsichtig zu Werke gehen muss, dann aber auch wirklich keine Schäden zu befürchten hat. Durch eine sachgemäße Reinigung leidet ein Sensor nicht und wird auch Dutzende von Reinigungen klaglos überstehen.
Mit der Methode im Kasten *Test für den Verschmutzungsgrad des Sensors* können Sie den Verschmutzungsgrad Ihres Sensors feststellen oder den Erfolg einer Reinigungsmethode überprüfen. Dieser „Härtetest“ wird bei allen Kameras mehr oder weniger viele Sensorflecken aufdecken, selbst bei ladenneuen aus der Verpackung. Und auch eine noch so gründliche Reinigung wird sie nicht alle zum Verschwinden bringen. Das ist nicht weiter beunruhigend, denn in der Praxis fallen viele der Flecken, die durch diesen Test sichtbar werden, nicht ins Gewicht.
Die Pixel der Aufnahmesensoren sind nur wenige tausendstel Millimeter groß. Selbst viele Blütenpollen sind größer und erzeugen, wenn sie auf dem Sensor gelandet sind, kräftige Flecken. Als Vorsorgemaßnahme empfiehlt es sich, eine digitale

Test für den Verschmutzungsgrad des Sensors

1. Verwenden Sie ein Objektiv mit möglichst langer Brennweite, stellen Sie den Fokusschalter auf „MF“ (manuelle Fokussierung) und wählen Sie die Entfernungseinstellung „unendlich“.
2. Stellen Sie Ihre Kamera auf einen niedrigen ISO-Wert, die Belichtungsautomatik auf „Zeitautomatik“ (A oder Av) und verwenden Sie die kleinstmögliche Blendenöffnung (z. B. 16, 22 oder 32).
3. Visieren Sie eine helle Fläche an, etwa eine Zimmerdecke oder eine Wand.
4. Stören Sie sich nicht an einer möglicherweise langen Belichtungszeit, die sich durch die kleine Blendenöffnung ergibt, denn eine Verwacklung ist bei der folgenden Aufnahme nicht störend, sondern eher erwünscht, denn Sie wollen ja keine Details der Zimmerdecke oder der Wand sichtbar machen.
5. Lösen Sie die Kamera aus, wobei Sie während der Belichtungszeit leichte Bewegungen ausführen.
6. Begutachten Sie die entstandene Aufnahme mit einem Bildverarbeitungsprogramm, indem Sie die Zoom-Stufe auf 100 % stellen (in Photoshop mit dem Befehl „Ansicht/Tatsächliche Pixel“). Schauen Sie sich alle Bereiche des Bildes nach und nach an.

Spiegelreflexkamera immer zu verschließen, sei es durch ein Objektiv oder durch einen Gehäusedeckel, damit die Partikel gar nicht erst ins Kamerainnere vordringen können. Transportieren Sie die Kamera so, dass die Sensoroberfläche zur Erdoberfläche zeigt, damit sich vagabundierende Teilchen nicht zwingend auf dem Sensor niederlassen. Einer Ursache von Schmutz auf dem Sensor können Sie allerdings nicht vorbeugen, nämlich dem Abrieb der Verschlussmechanik.

Viele Produkte zur Sensorreinigung arbeiten mit einem flüchtigen Lösungsmittel, allerdings besteht die Gefahr, dass der Schmutz durch das „Abwischen“ nicht aufgenommen wird, sondern in die Ecken geschoben wird. Daher möchte ich noch auf eine weitere Reinigungsmethode zu sprechen kommen, die bei ihrer Anwendung allerdings etwas Überwindung kostet. Es ist die von mir bevorzugte Methode mit Sensorfilm (www.sensor-film.com). Das ist eine honigartige Substanz, die auf den Sensor auftragen wird und während des Trockungsprozesses jedes noch so kleine Teilchen fest umschließt. Nach der Trocknung entsteht ein fester Film, der sich rückstandsfrei abziehen lässt und einen extrem reinen Sensor hinterlässt. Natürlich erfolgt die Verwendung stets auf eigene Gefahr.

Ein Blasebalg (links neben der Kamera) sollte in keiner Ausrüstung fehlen. Zur Entfernung von hartnäckigem Sensorschmutz bietet der Fachhandel Produkte in großer Vielfalt an.

Visuell lassen sich die winzigen Partikel auf dem Sensor meistens nicht entdecken. Wenn es sich jedoch um ein besonders großes Objekt handelt, etwa einen Staubfussel, lohnt sich unter Umständen die Lokalisierung und der Versuch, es mit Druckluft (nicht aus einer Dose, sondern mit einem handbetriebenen Blasebalg) zu entfernen. Dann stellt sich die Frage, wo der Störenfried auf dem Sensor liegt. Es gilt die Regel, dass oben und unten jeweils vertauscht ist, nicht jedoch rechts und links. Ist das Objekt auf dem Foto in der linken, oberen Ecke, befindet es sich, wenn man den freiliegenden Sensor von vorne anschaut, in dessen Ecke links unten.

Störlichtblenden sind auch unter dem Namen „Gegenlichtblende", „Streulichtblende" und „Sonnenblende" bekannt. Sie werden vorne auf ein Objektiv aufgesetzt und halten seitlich einfallendes Licht fern. Weil die Objektive unterschiedliche Bildwinkel und Frontdurchmesser haben, gibt es für jedes Objektiv eine speziell dazu passende Störlichtblende, die leider nicht immer im Lieferumfang enthalten ist. Meine Empfehlung lautet, grundsätzlich immer mit einer Störlichtblende zu arbeiten. Gerade bei Aufnahmen in der Dämmerung oder bei Nacht ist es schnell passiert, dass eine Straßenlampe oder sonstige Fremdlichtquelle das Objektiv anleuchtet, was in ungünstigen Fällen zur Bildung heller Flecken auf einem Foto führen kann. Eine Störlichtblende schützt die Frontlinse auch zuverlässig vor mechanischer Beschädigung und einer versehentlichen Berührung mit den Fingern. Eine dann fällige Frontlinsenreinigung ist bei Dunkelheit im Freien nicht ohne Brisanz. Außerdem verzögert die Störlichtblende in Nächten mit hoher Luftfeuchtigkeit das Beschlagen der Frontlinse, und dieses besonders effektiv dann, wenn ihre Innenseite mit Velours ausgekleidet ist.

Schutzfilter Einen ständig auf das Objektiv geschraubten „Schutzfilter" halte ich bei der konsequenten Verwendung einer Störlichtblende für entbehrlich. Verzichten Sie daher beim Objektivkauf auf das „Setangebot inklusive Schutzfilter" und erwerben Sie für das gesparte Geld lieber die Störlichtblende. Mir sind einige Fälle bekannt, in denen ein solcher Filter nicht nur die Bildqualität, sondern sogar die Autofokusfunktion beeinträchtigt hat. Filter vor dem Objektiv sind bei der Himmels- und Astrofotografie nur in Ausnahmefällen nützlich. Wirklich notwendig sind keine, in Frage kommen allenfalls ein Polarisationsfilter und ein Weichzeichnungsfilter. Die Wirkung dieser Filter wird in den entsprechenden Motivkapiteln angesprochen.

Störlichtblenden gibt es für jedes Objektiv. Sehr effektiv ist die „Tulpenform" (rechts).

Motive für Kamera auf Stativ

Auf den folgenden Seiten erfahren Sie, dass Sie jede Menge Himmelsmotive schon ganz ohne Astro-Ausrüstung aufnehmen können, ggf. mit einem Stativ. Die Texte und die Tabellen mit den Aufnahmedaten geben dazu Anleitung und Anhaltspunkte.

Bizarre Wolkenformationen

Manche Wolkenformationen sind sehr attraktiv. Trotzdem wirken Fotos, auf denen außer Himmel und Wolken nichts zu sehen ist, etwas langweilig, weil ein Größenvergleich fehlt. Daher sollten Sie immer Ausschau halten nach geeigneten Motiven für den Vordergrund. Leider müssen Sie schnell sein, denn viele Wolkenerscheinungen sind nur von kurzer Dauer. Sie müssen sich also vielleicht mit Grashalmen, einem Baum oder Ast, Häusern oder gar Ihrer ausgestreckten Hand begnügen. Mit etwas Planungsaufwand und einer Portion Glück kann der Vordergrund aber auch aus einem Windkraftwerk, einer Burg oder einem aufgebauten Teleskop bestehen.

Ist blauer Himmel mit im Spiel, lohnt sich unter Umständen der Einsatz eines Polarisationsfilters, der in einer drehbaren Fassung ausgeführt ist. Drehen Sie ihn so lange, bis der Effekt, das Himmelsblau zu sättigen, den gewünschten Grad erreicht hat. Drehen Sie immer im Uhrzeigersinn, damit der Filter nicht versehentlich vom Objektiv gelöst wird und herunterfällt. Nach einer 180-Grad-Drehung beginnt der Zyklus von vorne.

Tipp Seine maximale Wirkung erreicht der Polarisationsfilter, wenn Sie in einem Winkel von 90 Grad zur Sonne fotografieren.

Daten zur Aufnahme unten	Kamera (Canon EOS); Optik	ISO; Blende; Belichtungszeit
Wolke mit Grashalmen im Vordergrund	1Ds Mark II; Canon EF 2,8/16–35 mm L @ 17 mm	320; 16,0; 1/20 Sek.

Ein farbenprächtiger Dämmerungshimmel

Astronomen erleben das Schauspiel der Dämmerung meist nur am Rande, weil sie mit dem Auf- oder Abbau ihrer Geräte beschäftigt sind. Himmelsfotografen sollten sich die Chancen, die sich bei Sonnenauf- und -untergängen bieten, jedoch nicht entgehen lassen, obwohl die Bilder oft als Klischee abgetan werden.

Ein aufgebautes Fernrohr oder eine Sternwarte als Vordergrundmotiv reichen aus, um stimmungsgeladene Fotos zu schießen. Solange die Sonne noch über dem Horizont steht, ist auf Wolken zu hoffen, die dann von unten in gelben und roten Farben angestrahlt werden. Nach Sonnenuntergang oder vor Sonnenaufgang sieht man oft einen faszinierenden Farbgradienten von weiß über gelb, orange, rot, manchmal grünlich, hellblau, dunkelblau bis zum noch fast schwarzen Nachthimmel. Dann ist ein Stativ vonnöten, um auch längere Belichtungszeiten ohne Verwacklung realisieren zu können. Bleiben Sie dann mit der ISO-Zahl im unteren Bereich, denn Bildrauschen wird in den großen Himmelsflächen besonders negativ auffallen.

Tipp Stellen Sie den Weißlichtabgleich auf Tageslicht und vertrauen Sie ruhig der Belichtungsautomatik, wobei gegen Belichtungsvarianten mit gezielter Unter- und Überbelichtung nichts einzuwenden ist.

Daten zur Aufnahme unten	Kamera (Canon EOS); Optik	ISO; Blende; Belichtungszeit
Farbenprächtiger Sonnenaufgang nach Vulkanausbruch	1Ds Mark III; Canon EF 2,8/14 mm L	100; 2,8; 1/20 Sek.

Regenbögen

Wenn es regnet und gleichzeitig die Sonne scheint, besteht die Hoffnung, einen Regenbogen zu sehen, und zwar genau gegenüber der Sonne. Stellen Sie sich mit dem Rücken zur Sonne und warten Sie.
Ist es soweit, müssen Sie schnell handeln. Regenbögen haben einen Radius von 42 Grad, d. h., nur ein starkes Weitwinkelobjektiv mit extrem großem Bildwinkel ist in der Lage, den ganzen Bogen zu erfassen. Eine Alternative sind Fischaugenobjektive, die allerdings alle Geraden, die nicht durch die Bildmitte verlaufen, verkrümmt abbilden. Noch schwieriger wird es, wenn um den Hauptregenbogen, bei dem Rot immer außen liegt, ein äußerer Nebenregenbogen auftaucht, der innen rot ist und dessen Radius satte 51 Grad beträgt.
Die Belichtung hingegen ist unkritisch, schon die Automatik liefert brauchbare Ergebnisse. Versuche mit manueller Belichtungskorrektur in Richtung „Minus" können aber lohnend sein.

Tipp Schützen Sie Ihre Kamera und die Frontlinse vor dem Regen. Tropfen schaden dem Objektiv nicht, sollten aber innerhalb weniger Stunden entfernt werden, weil durch die Luftverschmutzung nach der Antrocknung Rückstände verbleiben, die der Vergütung der Linsen schaden können.

Daten zur Aufnahme unten	Kamera (Canon EOS); Optik	ISO; Blende; Belichtungszeit
Regenbogen	1Ds Mark III; Canon EF 2,8/14 mm L	100; 9,5; 1/125 Sek.

Gewitterblitze

Ein Gewitter gehört zu den gewaltigsten Naturerscheinungen am Himmel. Wie fotografiert man aber einen Gewitterblitz? Das Allerwichtigste ist, dass Sie Ihre eigene Sicherheit in den Vordergrund stellen!
Kein Foto ist es wert, dass man Leib und Leben dafür riskiert. Idealerweise fotografieren Sie ein Gewitter deshalb aus sicherer Entfernung, wenn die Blitze zwar schon zu sehen sind, das dazugehörige Donnergrollen aber erst nach etlichen Sekunden zu hören ist. Befinden Sie sich mitten in einer Gewitterzelle, droht jederzeit die Gefahr, von einem Blitz getroffen zu werden. Dann ist es vorzuziehen, aus dem Fenster eines Gebäudes oder eines Autos zu fotografieren, obwohl auch das keine hundertprozentige Sicherheit bedeutet.
Für Fotos eignet sich am besten ein Gewitter bei Nacht. Stellen Sie Ihre Kamera auf Dauerbelichtung („bulb"), die Blende auf 5,6 oder 8 und die ISO-Zahl auf 400. Jetzt richten Sie Ihre Kamera in die Richtung, wo am häufigsten Blitze auftauchen.

Tipp Belichten Sie nicht zu lang, damit sich die Blitze auf dem Bild nicht überlagern. Wenn Sie innerhalb von etwa zwei bis drei Minuten keinen Blitz registrieren, beenden Sie die Aufnahme trotzdem und starten die nächste Belichtung.

Daten zur Aufnahme unten	Kamera (Canon EOS); Optik	ISO; Blende; Belichtungszeit
Gewitterblitz	1Ds Mark III; Canon EF 2,8/16–35 mm L @ 16 mm	400; 5,6; 27 Sek.

Landschaftsbilder mit Sonne

Daten zur Aufnahme unten	Kamera (Canon EOS); Optik	ISO; Blende; Belichtungzeit
Utah-Agave mit Sonne	5D; Sigma 4,5–5,6/12–24 mm @ 18 mm	100; 13,0; 1/350 Sek.

Grundsätzlich sprechen keine Gründe dagegen, die Sonne in ein Landschaftsbild einzubeziehen. **Beachten Sie aber bitte die auf Seite 108f erläuterten Sicherheitshinweise**, um Schäden an Ihren Augen oder der Kamera zu vermeiden.

Sehr gut eignet sich ein Weitwinkelobjektiv, um außer der Landschaft z. B. einen attraktiven Wolkenhimmel aufzunehmen, in dem die gleißende Sonne wie ein heller Stern scheint. Ein solches Foto vermittelt sehr eindringlich eine sommerlich heitere Stimmung, bei der die wärmenden Sonnenstrahlen fast spürbar werden.

Besonders attraktiv wirkt die Sonne, wenn sie, wie auf einer Kinderzeichnung, „Strahlen" hat. Diese können ohne großen Aufwand erzeugt werden, indem Sie das Objektiv abblenden. Stellen Sie die Kamera auf Zeitautomatik (A oder Av) und wählen Sie eine kleine Blendenöffnung, also 8, 11, 16 oder 22. Durch Beugungseffekte an den Blendenlamellen entstehen die Strahlen ganz von selbst.

Damit der Belichtungsmesser nicht getäuscht wird, messen Sie die Belichtung ohne die Sonne im Bild, indem Sie die Kamera leicht zur Seite schwenken, speichern diesen Wert („Messwertspeicherung") und wählen dann erst Ihren endgültigen Bildausschnitt.

Tipp Im Laufe eines Jahres können Sie so immer zur gleichen Zeit die sich ändernde Sonnenhöhe dokumentieren.

Halo-Erscheinungen der Sonne

An heiteren Tagen mit einer leichten Schleierbewölkung sind sogenannte Halo-Erscheinungen um die Sonne keine Seltenheit.
Es handelt sich um Kreise oder Teile davon sowie fleckenartige Aufhellungen, die durch Lichtbrechungen und -reflexionen an Eiskristallen in den Wolken zustandekommen. Am häufigsten ist ein Ring um die Sonne zu beobachten, der einen Radius von 22 Grad hat. Sein innerer Rand ist schärfer begrenzt als der äußere, und manchmal zeigen sich sogar dezente Farben. Halos sind keine Seltenheit, nur werden sie nicht oft registriert, weil man den Blick in Richtung Sonne scheut. Doch an geeigneten Tagen lohnt es sich, nach Halos Ausschau zu halten. Mit der Hand können Sie die grelle Sonne bedecken, wobei manche Sonnenbrillen das Erkennen von Halos erheblich erleichtern. Um einen vollständigen Ring aufzunehmen, benötigen Sie mindestens 45 Grad Bildwinkel über die kurze Formatkante, also laut Tabelle in der Innenklappe des Buches ein starkes Weitwinkelobjektiv.

Tipp Für das Foto können Sie einen Polarisationsfilter verwenden, um den Kontrast zu steigern, und die Sonne durch ein Vordergrundobjekt abdecken. Die Belichtungsautomatik liefert in diesen Fällen durchaus brauchbare Resultate.

Daten zur Aufnahme unten	Kamera (Canon EOS); Optik	ISO; Blende; Belichtungszeit
Sonnenhalo mit Sonnenblume	1Ds Mark III; Canon EF 2,8/14 mm L	100; 11,0; 1/750 Sek.

Nebensonnen

Kann es „neben“ der Sonne weitere Sonnen geben? Ja, es kann! Nebensonnen sind allerdings keine kosmischen Objekte, sondern gehören zu den Halo-Erscheinungen. Im besten Fall sind zwei Nebensonnen zu sehen, eine rechts und eine links der Sonne, jeweils im Abstand von 22 Grad. Bei hoch stehender Sonne vergrößert sich der Abstand auf bis zu 45 Grad. Auf der Verbindungslinie der beiden Nebensonnen, die immer parallel zum Horizont verläuft, nimmt die echte Sonne ihren Platz in der Mitte ein. Nebensonnen können sehr hell sein und zeigen mitunter die Farben des Regenbogens, innen rot und außen blau. Um zwei Nebensonnen gleichzeitig auf einem Foto unterzubringen, bedarf es eines gemäßigten Weitwinkelobjektivs mit mindestens 45 bis 50 Grad horizontalem Bildwinkel. Ist nur eine Nebensonne zu sehen, darf es sogar ein leichtes Teleobjektiv sein, um die Nebensonne inklusive der echten Sonne zu erfassen. Schon die Verwendung der Belichtungsautomatik kann ausreichend sein. **Beachten Sie bitte unbedingt die Sicherheitshinweise für die Sonnenfotografie auf Seite 108f!**

Tipp Durch die Verwendung eines Polarisationsfilters lässt sich der Kontrast und die Farbsättigung einer Nebensonne steigern.

Daten zur Aufnahme unten	Kamera (Canon EOS); Optik	ISO; Blende; Belichtungszeit
Nebensonnen mit Daumen zur Sonnenabdeckung	1Ds Mark III; Canon EF 2,8/16–35 mm L @ 32 mm	100; 13,0;1/125 Sek.

Sonnenfinsternisse

Sehr beeindruckend ist eine totale Sonnenfinsternis, bei deren Höhepunkt die Korona, die äußere Atmosphäre der Sonne, für wenige Minuten sichtbar wird. **Beachten Sie bitte unbedingt die Hinweise zur Sonnenfotografie auf Seite 108f!**

Schon mit einem Fotoobjektiv können eindrucksvolle Aufnahmen gelingen. Ein starkes Weitwinkel- oder Fischaugenobjektiv kann die ganze Szenerie während einer totalen Verfinsterung festhalten, inklusive der Landschaft und den Beobachtern. Während der Totalität werden auch helle Sterne und Planeten sichtbar, die sich ebenfalls ablichten lassen. Wenn Sie Detailaufnahmen bevorzugen, verwenden Sie die längste Brennweite, die Ihnen zur Verfügung steht, oder ein Teleskop (s. Seite 78).

Die Phasen der partiellen Verfinsterung müssen alle gleich lang belichtet werden, daher empfiehlt sich die Einstellung auf „M" für manuell – ein geeignetes Schutzfilter vor dem Objektiv ist obligatorisch. Nur in den Minuten der Totalität nehmen Sie den Filter ab!

Tipp Variieren Sie die Belichtung während der Totalität stark, um sowohl die inneren, hellen Bereiche der Korona mit den Protuberanzen als auch die äußeren, wesentlich lichtschwächeren Bereiche zu erfassen.

Daten zur Aufnahme unten	Kamera (Canon EOS); Optik	ISO; Blende; Belichtungszeit
Totale Sonnenfinsternis 2006 in der Türkei	20D; Canon EF 2,8/16–35 mm L @ 35 mm	800; 6,7; 1/125 Sek.

Mond-Planeten-Konstellationen

Daten zur Aufnahme unten	Kamera (Canon EOS); Optik	ISO; Blende; Belichtungszeit
Mond bei Venus	5D; Canon EF 2,0/135 mm L	400; 16,0; 2 Sek.

Zieht der Mond – vor allem als schmale Sichel – an einem hellen Planeten vorbei, ist das stets ein „Hingucker“. Wann solche Ereignisse stattfinden, können Sie einem astronomischen Jahrbuch, etwa dem *Kosmos-Himmelsjahr*, entnehmen. Am besten suchen Sie den ausgewählten Ort schon an einem Tag vor der eigentlichen Konstellation auf, idealerweise um die gleiche Uhrzeit, zu der Sie die Fotos machen wollen. Legen Sie dann in aller Ruhe den Bildausschnitt, also die passende Brennweite, und das Vordergrundmotiv fest und fertigen Sie Probeaufnahmen an, um Anhaltswerte für die richtige Belichtung zu finden.

Entscheiden Sie sich für eine moderate Brennweite, um eine enge Begegnung auch deutlich zu machen. Wenn Sie Mond und Planet formatfüllend abbilden, erscheint der Abstand auf dem Foto nämlich oft wesentlich größer und weniger eindrucksvoll, als er in Wirklichkeit war. Findet eine Konstellation in der Dämmerung statt, können Sie der Belichtungsautomatik Ihrer Kamera vertrauen. Setzen Sie den ISO-Wert möglichst niedrig an, damit sich das Bildrauschen in Grenzen hält, jedoch so hoch wie nötig, um Unschärfen durch die Himmelsdrehung zu vermeiden.

Tipp Meist haben Sie genügend Zeit, um mit verschiedenen Einstellungen zu experimentieren. Ist z.B. die schmale Mondsichel im Bild, wird bei reichlicher Belichtung das „aschgraue Licht“ (vgl. S. 54) sichtbar.

Aureolen

Wer kennt nicht den berühmten „Hof" um den Mond? Was visuell beobachtende Astronomen wegen der schlechten Durchsicht der Atmosphäre zur Verzweiflung treibt, kann durchaus die Aufmerksamkeit von Himmelsfotografen finden. Zwar erscheint der Hof um den Mond dem bloßen Auge farblos, was an der Unfähigkeit unseres Sehapparates liegt, bei nachlassender Helligkeit Farben zu erkennen („Nachts sind alle Katzen grau"). Die Kamera ist von dieser Farbenblindheit bei Nacht aber nicht betroffen, daher lohnen einige Testaufnahmen. Mit etwas Glück werden manchmal konzentrische Ringe sichtbar, die in den Farben des Regenbogens schillern. Benötigt werden nur ein Teleobjektiv und ein Fotostativ. Stellen Sie eine hohe ISO-Zahl ein und blenden Sie das Objektiv nicht ab. Dann reichen wenige Sekunden Belichtungszeit, um die Aureole um den Mond zu fotografieren.

Tipp Längere Belichtungszeiten lassen auch schwache Außenbezirke der Aureole erscheinen, die mit dem bloßen Auge nicht zu sehen sind. Eine zu lange Belichtung führt allerdings zu einer extremen Überbelichtung des Mondes und birgt die Gefahr, dass eventuell zu sehende Sterne als kleine Striche abgebildet werden.

Daten zur Aufnahme unten	Kamera (Canon EOS); Optik	ISO; Blende; Belichtungszeit
Farbiger Hof um den Mond mit Mars	20Da; Canon EF 70–300 mm DO USM @ 100 mm	200; 5,6; 2 Sek.

Halo-Erscheinungen des Mondes

Halos treten nicht nur tagsüber um die Sonne herum auf, sondern entstehen auch durch das Licht des Mondes. Dann ist der Einsatz eines Fotostativs nötig, denn die erforderlichen Belichtungszeiten können etliche Sekunden betragen. Wenn die Schleierbewölkung nicht zu dicht ist, werden sogar einige Sterne auf dem Foto zu sehen sein. Wie Sie sehen, ist selbst in leicht bewölken Nächten der Blick zum Himmel nicht absolut hoffnungslos, selbst dann nicht, wenn an andere astronomische Beobachtungen nicht zu denken ist.

Haben Sie ein starkes Weitwinkelobjektiv im Einsatz, um den ganzen Ring mit 22 Grad Radius auf das Bild zu bekommen, können Sie 15 bis 20 Sekunden lang belichten, ohne dass die Sterne durch die Erddrehung zu erkennbaren Strichen auseinandergezogen werden. Statt zu lange zu belichten, setzen Sie besser die ISO-Zahl nach oben. Eine hoffnungslose Überbelichtung des Mondes ist nicht zu vermeiden, stört aber nicht sonderlich. Halo-Erscheinungen können kurzfristig an Helligkeit zunehmen, daher lohnt etwas Ausdauer.

Tipp Besonders schön wirkt es, ein irdisches Vordergrundmotiv in das Bild einzubeziehen, z.B. einen Baumwipfel.

Daten zur Aufnahme unten	Kamera (Canon EOS); Optik	ISO; Blende; Belichtungszeit
Mondhalo mit Sternen	5D; Canon EF 2,8/16–35 mm L @ 19 mm	1000; 5,6; 20 Sek.

Mondfinsternisse

Wie groß die Mondkugel auf dem Sensor abgebildet wird, lässt sich ungefähr ermitteln, wenn man die verwendete Brennweite durch 110 teilt. Selbst ein Objektiv mit 400 Millimeter Brennweite erzeugt also ein nur 3,6 Millimeter großes Abbild auf dem Sensor. Ein Telekonverter zwischen Kamera und Objektiv verlängert die Brennweite, je nach Modell, um den Faktor 1,4 oder 2. Mit einem Stativ sollte es dann möglich sein, die Phasen der Teilverfinsterung detailreich abzubilden. Doch je länger die Brennweite wird, desto kürzer muss die Belichtungszeit sein, um den Unschärfen durch die Erdrotation zu entgehen. Dann helfen nur noch hohe ISO-Zahlen.
Selbst bei einer totalen Mondfinsternis verschwindet der Mond nicht vollständig vom Himmel. Vielmehr gelangt – überwiegend rötliches – Streulicht durch die Erdatmosphäre und färbt den verfinsterten Mond kupferrot.

Tipp Ist der Mond erst einmal total verfinstert, sind auch hohe ISO-Zahlen kein Ausweg mehr. Dann hilft nur noch eine Nachführung wie im Kapitel *Die Kamera auf einer Astro-Montierung* ab Seite 40 beschrieben. Auch den unverfinsterten Mond in seinen Phasen können Sie so fotografieren.

Daten zur Aufnahme unten	Kamera (Canon EOS); Optik	ISO; Blende; Belichtungszeit
Teilverfinsterter Mond (Montage aus zwei Fotos: 1. Landschaft, 2. Mond)	1Ds Mark III; Canon EF 4/600 mm L IS	400/1600; 4,0; 4 und 1/30 Sek.

Satellitenspuren

Im Sommer, wenn die Sonne nicht tief unter den Horizont sinkt, können am Nachthimmel besonders viele Satelliten beobachtet werden, die als sternartige Lichtpunkte über das Firmament ziehen. Von Flugzeugen unterscheiden sie sich dadurch, dass man selbst mit einem Fernglas keine blinkenden Lichter erkennen kann. Den Zeitpunkt der besten Sichtbarkeit können Sie auf der Webseite www.heavens-above.com herausfinden (s. S. 141).

Die Helligkeiten variieren sehr stark, manche erreichen mühelos etwa die Helligkeit des Sterns Atair im Adler. Selbst das Hubble-Weltraumteleskop kann mitunter als helles Objekt gesehen und fotografiert werden, ebenso ein im Orbit befindliches Space-Shuttle. Die Internationale Raumstation ISS ist am auffälligsten, denn sie leuchtet im günstigsten Fall sogar heller als die Venus. Wir beschränken uns hier auf Fotos, die einen Satelliten als Strichspur zeigen. Dazu kommt die Kamera auf ein Stativ und die Blende bleibt maximal weit geöffnet. Mit einem Weitwinkelobjektiv, einer mittleren ISO-Zahl (z. B. ISO 400) und der Einstellung „bulb“ für Langzeitbelichtung lassen Sie den Satelliten durchs Bild fliegen.

Tipp Nur die ISS ist so hell, dass Sie die ISO-Zahl auf 100 reduzieren können.

Daten zur Aufnahme unten	Kamera (Canon EOS); Optik	ISO; Blende; Belichtungszeit
Die Internationale Raumstation ISS über der Sternwarte Welzheim	20D; Canon EF-S 10–22 mm @ 10 mm	400; 4,0; 120 Sek.

Iridiumblitze

Was sich mystisch anhört, ist eine Reflexion des Sonnenlichts an den Antennen von Satelliten, die für den Betrieb des Iridium-Telefonnetzes ins All geschossen wurden. 66 dieser Satelliten umschwirren die Erde, so dass die Wahrscheinlichkeit, einen Iridiumblitz zu beobachten, nicht gering ist. Zu sehen ist ein zunächst schwach glimmendes Lichtpünktchen, das über den Nachthimmel zieht. Plötzlich jedoch steigert sich die Helligkeit und erreicht für wenige Sekunden einen Maximalwert, der weit über der Helligkeit des Planeten Venus liegen kann. Der Standort spielt eine große Rolle, schon einige Kilometer entscheiden über den Verlauf eines Iridiumblitzes. Vorhersagen können auf der Webseite www.heavens-above.com abgerufen werden. Wichtig ist, dass Sie Ihren Beobachtungsort möglichst präzise angeben.
Richten Sie dann Ihre Kamera auf einem Fotostativ und einem Objektiv mit nicht zu langer Brennweite auf den Punkt des Himmels, an dem der Iridiumblitz stattfinden soll. Stellen Sie eine mittlere ISO-Zahl ein und beginnen Sie die Langzeitbelichtung (Einstellung „bulb").

Tipp Starten Sie die Aufnahme eine Weile vor dem erwarteten Höhepunkt und beenden Sie sie erst, wenn nichts mehr zu sehen ist.

Daten zur Aufnahme unten	Kamera (Canon EOS); Optik	ISO; Blende; Belichtungszeit
Iridiumblitz (Aufnahme wurde nachgeführt)	20D; Canon EF 70–300 mm DO USM @ 130 mm	400; 5,6; 281 Sek.

Polarlichter

Polarlichter treten in gemäßigten Breitengraden nur gelegentlich auf, verstärkt in den Zeiten eines Sonnenfleckenmaximums. Sie werden verursacht von Teilchen, die die Sonne dann vermehrt aussendet und die in die Erdatmosphäre eindringen. Zirka alle elf Jahre tritt ein solches Maximum ein, das nächste ist in den Jahren 2012/2013 zu erwarten. Polarlichter sind nicht besonders auffällig, dank des Internets (s. Anhang Seite 141) gibt es heute aber zuverlässige Prognosen für das Auftreten der „Nordlichter", wie sie auch genannt werden. Manche sind so schwach, dass sie nur fotografisch nachzuweisen sind, daher lohnt auch „ein Schuss ins Blaue". Eindrucksvoller sind natürlich helle Polarlichter, die in den gemäßigten Breiten vorwiegend rot, zum Horizont auch grünlich leuchten.
Auf der Suche muss der Blick grob nach Norden gerichtet sein. Die Belichtungszeiten schwanken stark, je nach Helligkeit des Polarlichts. Rasche Veränderungen der Lichtphänomene erfordern relativ kurze Belichtungszeiten, daher sind lichtstarke Objektive mit einer Anfangsöffnung von 1:2,8, 1:2,0 oder besser, sowie hohe ISO-Werte zu bevorzugen. Ein Fotostativ ist Pflicht.

Tipp Der Weißlichtabgleich sollte von „Automatik" auf „Tageslicht" gestellt werden.

Daten zur Aufnahme unten	Kamera; Optik	ISO; Blende; Belichtungszeit
Polarlicht (analoge Aufnahme auf Fujichrome RHP III Provia 400F)	Hasselblad 503 CW; Zeiss Distagon 3,5/60 mm	400; 3,5; 180 Sek.

Meteore

Meteore, auch Sternschnuppen genannt, entstehen durch Partikel, die in die Erdatmosphäre eindringen und dort eine kurzzeitige Leuchterscheinung hervorrufen. Weder Zeit und Ort, noch die Helligkeit von Meteoren lässt sich vorhersagen, so dass eine Portion Glück dazugehört, um Sternschnuppen fotografisch festzuhalten. Immerhin gibt es Zeiten im Jahr, in denen mit verstärkter Sternschnuppenaktivität zu rechnen ist, das sind die Sternschnuppenströme, von denen die Perseiden, die um den 12. August herum ihr Maximum erreichen, der bekannteste ist.

Stellen Sie Ihre Kamera mit Weitwinkelobjektiv bei maximaler Blendenöffnung auf ein Stativ und nehmen Sie einen beliebigen Himmelsauschnitt ins Visier. Der Rest ist Hoffen, dass während der Langzeitbelichtungen mit „bulb" ein Meteor das Bildfeld kreuzt. Belichten Sie nicht zu lang, starten Sie nach spätestens 10 Minuten die nächste Aufnahme. Hohe ISO-Zahlen sind zu empfehlen, denn selbst helle Meteore zischen manchmal so schnell über den Himmel, dass die Kamera sie kaum erfassen kann.

Tipp Schalten Sie den automatischen Dunkelbildabzug aus, sonst macht die Kamera vielleicht gerade ein Dunkelbild, wenn ein heller Meteor auftaucht.

Daten zur Aufnahme unten	Kamera (Canon EOS); Optik	ISO; Blende; Belichtungszeit
Perseiden mit Rundbild-Fischauge	5D; Sigma 3,5/8mm Fisheye	1600; 3,5; 120 Sek.

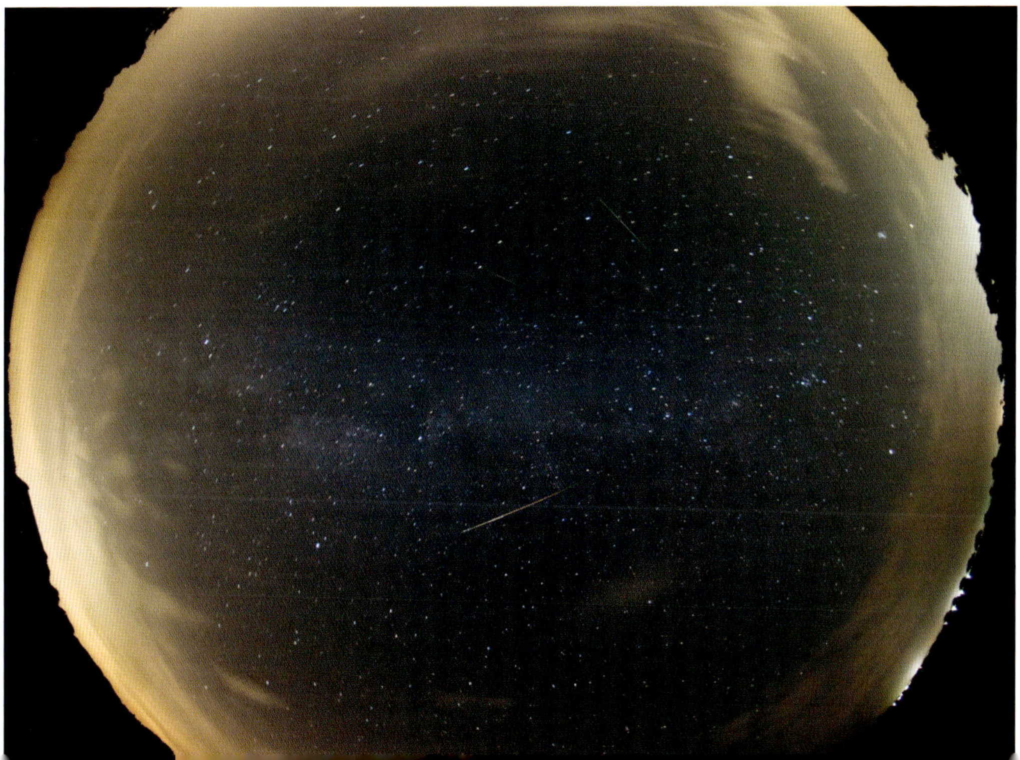

Sternstrichspuren

Daten zur Aufnahme unten	Kamera (Canon EOS); Optik	ISO; Blende; Belichtungszeit
Sternstrichspuren über dem Observatorium Gemini South, Chile	5D; Canon EF 2,8/16–35 mm L @ 20 mm	800; 2,8; 100 × 60 Sek.

Nehmen Sie den Nachthimmel mit langer Belichtungszeit auf, werden die Sterne als mehr oder weniger lange Striche abgebildet, verursacht durch die Rotation der Erde. Je länger die Belichtungszeit und die Brennweite, desto länger werden die Striche. Schön ist die Blickrichtung nach Norden, um den Drehpunkt nahe dem Polarstern einzubeziehen.

Mit einer DSLR sind extreme Langzeitbelichtungen kritisch, weil das Bildrauschen und die Helligkeit des Himmels überhand nehmen. Spätestens nach 10 bis 15 Minuten tritt das Rauschen störend in Erscheinung, selbst wenn ein niedriger ISO-Wert eingestellt ist.

Die Lösung dieses Problems ist, viele Fotos hintereinander aufzunehmen und diese dann zu einem Gesamtbild zu vereinen. Dazu legen Sie die Bilder in Photoshop in Ebenen übereinander, so wie es auf der Internetseite www.astromeeting.de/himmels fotografie.htm zur Vorbereitung einer Animation beschrieben wird. Mit Ausnahme der untersten Ebene stellen Sie als Überblendmodus aller oberen Ebenen statt „Normal" den Modus „Aufhellen" ein. Verwenden Sie ein stabiles Stativ und machen Sie zwischen den Einzelfotos keine Pausen!

Tipp Mit dem kostenfreien Programm *Startrails* (s. S. 141) können Sie die Einzelaufnahmen ebenfalls zu einem Strichspurbild kombinieren.

Sternfarben durch Unschärfe

Werden Sterne mit einer DSLR scharf abgebildet, geht durch Überbelichtung meist ihre Farbe verloren, weil die Pixel auf dem Sensor in allen drei Farbkanälen voll gesättigt werden – sie erscheinen dann weiß. Mit einem Weichzeichnerfilter vor dem Objektiv kann dem begegnet werden (vgl. Seite 51). Eine andere Methode besteht darin, absichtlich einen falschen Fokus einzustellen.

Bei der zweiten Methode präsentieren sich die Sterne nicht als Punkte, sondern als Scheiben mit geringerer Helligkeit, so dass eine Übersättigung der Pixel vermieden wird und die Eigenfarbe der Sterne erhalten bleibt. Nun macht ein völlig unscharfes Foto keinen sehr guten Eindruck, so dass ein Kniff aus der Misere helfen muss. Eine Idee dazu ist, ein scharfes mit einem unscharfen Foto in Photoshop zu überlagern und die obere Ebene mit dem Überblendmodus „Aufhellen" zu überblenden. Ein anderer Ansatz besteht darin, während einer Langzeitbelichtung mit Fotostativ über etliche Minuten den Fokus langsam oder aber ruckartig zu verändern. Dann werden die Sterne gleichmäßig oder in Stufen fächerartig verbreitert.

Tipp Bis sich das gewünschte Resultat einstellt, werden einige Versuche nötig sein.

Daten zur Aufnahme unten	Kamera (Canon EOS); Optik	ISO; Blende; Belichtungszeit
Sternfarben der Plejaden	1Ds Mark III; Canon EF 1,8/200mm L	1250/3200; 1,8; 3 Sek und 6 × 15 Sek.

Sternbilder und Sternfelder

Daten zur Aufnahme unten	Kamera (Canon EOS); Optik	ISO; Blende; Belichtungszeit
Sternbild Orion mit Sirius	1Ds Mark II; Canon EF 1,4/35 mm L	1000; 2,0; 10 Sek.

Immer wieder ist es eine Freude zu erleben, dass ein Fotostativ und eine DSLR schon ausreichen, um sehr ansprechende Fotos des Sternenhimmels anzufertigen. Vorteilhaft ist die Verwendung eines lichtstarken Objektivs, dessen größte Blendenöffnung mindestens 1:2,8 oder 1:2,0 beträgt. Das bedeutet nicht zwangsläufig hohe Investitionen, denn praktisch alle Hersteller bieten für rund 100 Euro ein 50-Millimeter-Objektiv mit der Lichtstärke 1:1,8 an. Auch Objektive mit 35 oder 28 Millimeter Brennweite und Lichtstärken von 1:2,0 bis 1:2,8 schlagen kein allzu großes Loch in den Geldbeutel.

Richten Sie Ihre Kamera auf ein Sternfeld oder Sternbild Ihrer Wahl und lassen Sie die Blende weit geöffnet, was allerdings eine sehr genaue Scharfeinstellung erfordert. Gehen Sie mit der ISO-Zahl so weit nach oben wie möglich, ohne dass das Bildrauschen überhand nimmt und belichten Sie je nach Brennweite und Himmelsausschnitt 5 bis 20 Sekunden lang. Sie werden staunen, wie viele Sterne auf Ihrem Foto zu sehen sind. Fast alle Messier-Objekte lassen sich übrigens auf diese Weise ablichten, viele natürlich nur als „Nebelfleck". Über die mögliche Verwendung eines Weichzeichner-Filters wird auf der Seite 51 berichtet.

Tipp Verzichten Sie beim „Entwickeln" der RAW-Datei (s. S. 124f) auf eine Nachschärfung, die Sterne wirken sonst unnatürlich.

Das Band der Milchstraße

Fotos der Milchstraße können auf die gleiche Art entstehen wie Aufnahmen von Sternbildern und -feldern (s. Seite 38). Bedenken Sie aber, dass die Milchstraße nur ein matt schimmerndes Band ist und sich in ihrer Helligkeit auf dem Bild deutlich vom umgebenden Himmel abheben muss. Das ist nur dann der Fall, wenn Sie einen dunklen Beobachtungsstandort gefunden haben, vorzugsweise in großer Gebirgshöhe. Weit und breit sollte kein Licht von Siedlungen oder dem Mond das Bild trüben. Wenn diese Voraussetzungen erfüllt sind und Sie eine klare Nacht mit guter Durchsicht erwischen, zeigt die Milchstraße sogar schon dem bloßen Auge ihre reiche Struktur. Am hellsten ist sie in Sommernächten, weniger hell im Winter. Im Herbst und im Frühjahr verläuft sie in Horizontnähe und gibt kein lohnendes Motiv ab.
Verwenden Sie am besten ein Weitwinkelobjektiv, um einen großen Abschnitt der Milchstraße zu erfassen, und beziehen Sie, wenn es die Bedingungen zulassen, den Horizont mit ins Bild ein. Im Hochformat sehen solche Aufnahmen noch besser aus.

Tipp Wenn Sie ein Fischaugenobjektiv besitzen, können Sie damit den kompletten Verlauf der Milchstraße von Horizont zu Horizont erfassen, ein reizvolles Motiv!

Daten zur Aufnahme unten	Kamera (Canon EOS); Optik	ISO; Blende; Belichtungszeit
Milchstraße im Schützen und Skorpion mit Jupiter, Kalifornien, USA	5D; Canon EF 1,4/35mm L	1000; 1,4; 20 Sek.

Die Kamera auf einer Astro-Montierung

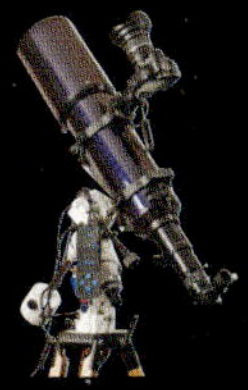

Mit der Kamera den Sternen folgen

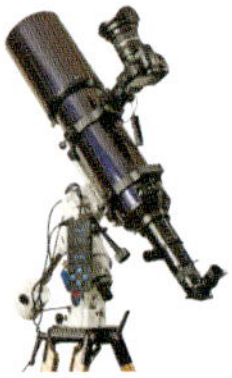

Nun haben Sie schon bemerkt, dass bei langen Belichtungszeiten in Kombination mit längeren Brennweiten die Sterne allmählich zu Strichen werden. Um das zu vermeiden, muss die Kamera der Erddrehung nachgeführt werden.

Fotoobjektive reichen aus, um mit Nachführung die schönsten Sternbilder zu porträtieren. Schon nach einer relativ kurzen Belichtungszeit erfassen Sie mehr Sterne, als mit dem bloßen Auge erkennbar sind. Hier abgebildet ist der Große Bär, dessen Bestandteil der Große Wagen ist.

Wenn Sie der „Dramaturgie“ des ersten Kapitels gefolgt sind, ist es Ihnen aufgefallen: Lange Belichtungszeiten mit längeren Brennweiten sind kaum noch zu bewerkstelligen, wenn die Kamera auf einem Fotostativ fixiert ist. Bei Weitwinkelobjektiven werden nach etwa 20 bis 30 Sekunden, bei Teleobjektiven bereits nach wenigen Sekunden Belichtungszeit die Sterne als Striche abgebildet (s. Tab. Innenklappe). Lichtstarke Objektive mit großer Anfangsöffnung und die Verwendung von hohen ISO-Werten können die Belichtungszeiten innerhalb gewisser Grenzen halten, doch irgendwann ist das Ende erreicht. Ursache ist die Rotation der Erde, durch die sich der Himmel scheinbar über unseren Köpfen von Ost nach West dreht. Dreh- und Angelpunkt dieser Bewegung ist für Bewohner der Nordhalbkugel der Himmelsnordpol unweit des Polar- oder Nordsterns.

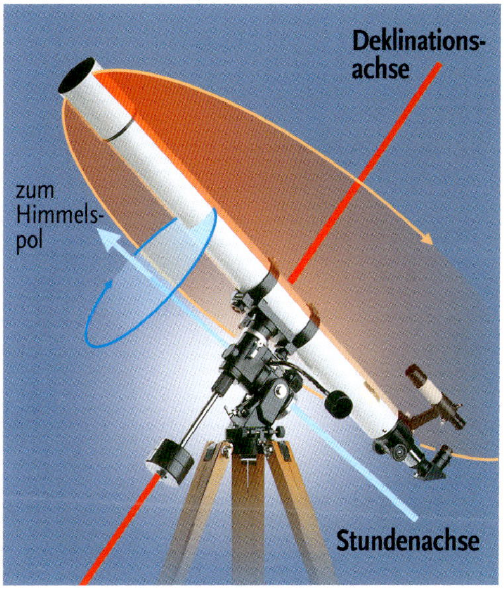

Das Prinzip der parallaktischen Montierung: Ein Teleskop ist schwenkbar um die Deklinations- und Stundenachse.

Astronomische Montierungen

Möchten Sie länger belichtete Himmelsfotos machen, auf denen die Sterne Punkte bleiben, müssen Sie eine parallaktische, astronomische Montierung einsetzen, die auch „äquatoriale Montierung“ genannt wird. Eine Achse dieser Montierung, die Stundenachse, wird parallel zur Erdachse ausgerichtet und zeigt auf den Himmelsnordpol. Im Winkel von 90 Grad zu ihr existiert eine zweite Achse, die Deklinationsachse, damit jeder beliebige Punkt am Himmel anvisiert werden kann. Üblicherweise wird von einer astronomischen Montierung ein Fernrohr getragen (s. Abb. rechts oben). Das Fernrohr erübrigt sich allerdings, wenn es nur darum geht, einige Minuten lang belichtete Himmelsfotos mit moderaten Brennweiten zu machen. Die Überlegung lohnt also, lediglich die Montierung mit dem notwendigen Zubehör zu erwerben, ohne gleich ein Fernrohr zu kaufen.

Gängige parallaktische Montierungen und Zubehör Gebräuchlich im Bereich der Amateurastronomie sind die „Deutsche Montierung“ mit einer Gegengewichtsstange (s. Abb. oben) und die „Gabelmontierung auf einer parallaktischen Wiege“. Die Stundenachse wird motorisch angetrieben, während eine aufgesetzte Kamera dem Lauf der Gestirne nachgeführt wird, daher spricht man auch von der Nachführung und nachgeführten Himmelsfotos.

Welches Zubehör benötigt wird, hängt vom Lieferumfang der Montierung ab. Erforderlich ist der motorische Antrieb der Stundenachse, während bei der Deklinationsachse für diesen Zweck eine motorische Verstellmöglichkeit entbehrlich ist. Weiterhin ein Stativ oder eine Säule, eine Spannungsversorgung, die bei Bedarf auch mit Batterien oder Akkus funktioniert und ein eventuell nötiges Gegengewicht, damit die Montierung austariert werden kann. Das ist schon alles, es sei denn, Sie gönnen sich zusätzlich noch ein Polsucherfernrohr, mit dem die Montierung sehr schnell eingenordet werden kann (vgl. Seite 114). Für welche Montierung Sie sich entscheiden sollten, hängt im Wesentlichen von den im Kasten *Auswahlkriterien für eine Montierung* aufgelisteten Punkten ab.

Leichte Fotomontierungen Auch konkrete Empfehlungen für leichte Fotomontierungen will ich Ihnen nicht schuldig bleiben. Beste Erfahrungen habe ich mit Pro-

Auswahlkriterien für eine Montierung

1. Maximales Gewicht der Kamera samt Objektiv – Je schwerer die Kamera und die Objektive sind, desto stabiler muss die Montierung sein.

2. Eigengewicht – Eine schwere Montierung ist ein erster Hinweis auf ihre hohe Stabilität. Doch auch eine kleine, leichte Montierung hat ihre Vorteile, etwa, wenn sie einige hundert Meter von einem Parkplatz zu einem guten Beobachtungsort getragen werden muss.

3. Laufgenauigkeit – Lange Belichtungszeiten und lange Aufnahmebrennweiten steigern die Anforderungen an die Genauigkeit der motorischen Nachführung.

4. Preis – Die Spanne reicht von niedrigen, dreistelligen Eurobeträgen bis zu hohen, fünfstelligen Summen. Doch keine Sorge: Für den hier beschriebenen Zweck sind Montierungen der Oberklasse überdimensioniert. Aber da die alte Regel, dass nämlich der Kaufpreis in enger Relation zum Gegenwert steht, auch bei Montierungen gilt, kann sich ein „Billigkauf" zu einem späteren Zeitpunkt rächen.

5. Verwendungszweck – Mit in die Überlegungen einzubeziehen ist die Frage, ob die anzuschaffende Montierung, vielleicht zu einem späteren Zeitpunkt, als Fernrohrmontierung dienen soll. Wenn Sie die Frage bejahen, muss es unter Umständen eine stabilere Ausführung sein. Allerdings setzt das voraus, dass Sie eine Vorstellung davon haben, welches Fernrohr für Sie in Frage kommt. Manchmal sind solche Fragestellungen quälend und nicht zu beantworten. Dann entscheiden Sie sich doch zunächst für ein kleineres, leichtes Modell und ziehen Sie den Kauf einer weiteren Montierung in Betracht, sobald die Fernrohrfrage geklärt ist (s. dazu auch S. 142 *Buchtipps für Hobby-Astronomen*).

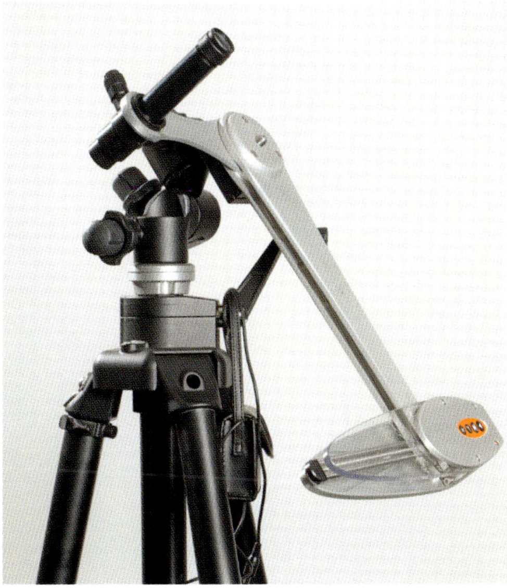

Die AstroTrac-320-X-Montierung kann eine Kamera, aber kein größeres Fernrohr nachführen. Ein Stativ mit Kopf muss vorhanden sein.

dukten der japanischen Firma Vixen gemacht. Mit den Modellen GP-E und GP-DX machen Sie keinen Fehler, auch wenn teilweise der Antriebsmotor und die Steuerelektronik separat erworben werden müssen. Preiswerter sind Montierungen von Celestron und Meade, etwa die Modelle Celestron Advanced Mount ADM und Meade LXD75AT. Das untere Preisende bilden Modelle von Skywatcher, von denen beispielsweise die EQ-3 (Abb. rechts) und EQ-5 in Frage kommen. Unschlagbar in Bezug auf die geringen Transportmaße ist die AstroTrac-Montierung (Abb. oben), jedoch ist sie nicht ganz billig.

Für welches Modell Sie sich auch immer entscheiden: Eine „GoTo-Steuerung", die Himmelsobjekte automatisch anfahren kann, ist in jedem Fall für die hier beschriebenen Zwecke überflüssig. Statt in Elektronik zu investieren, wählen Sie besser eine stabilere Mechanik. Eine „Deutsche Montierung" ist einer Gabelmontierung vorzuziehen, zumal letztere praktisch nicht separat, d. h. ohne Fernrohr angeboten wird.

Soll die Montierung im Feld betrieben werden, kommt nur ein Stativ und keine Säule

Die Skywatcher-EQ-3-Montierung lässt sich mit Motoren ausstatten und kann eine Kamera nachführen.

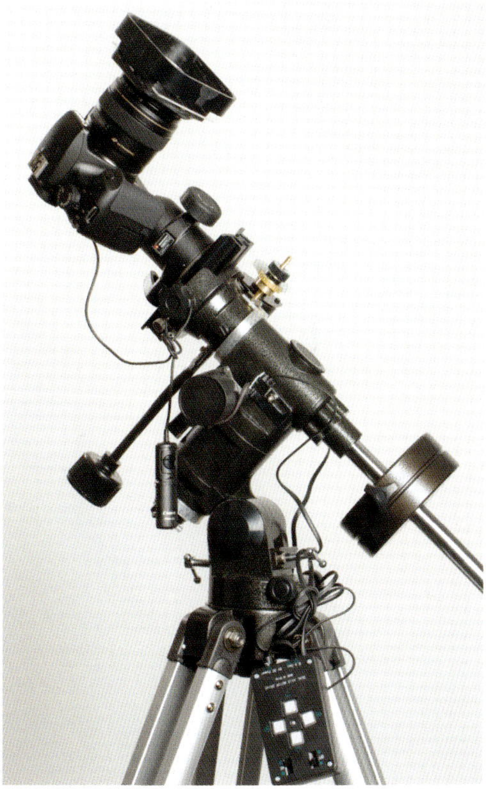

in Betracht. Eine gute Lösung ist ein Holzstativ der Firma Berlebach, aber natürlich tut auch ein stabiles Edelstahl- oder Aluminiumstativ seine Dienste, nur sollte an dieser Stelle nicht gespart werden.

Vorbereiten der ersten Aufnahme

Alles, was Sie jetzt noch tun müssen, ist die Kamera auf der Montierung zu befestigen und diese auf den Himmelspol auszurichten.

Befestigen der Kamera Die meisten Montierungen sind mit einer Schwalbenschwanz-Führung ausgestattet, in die eine Prismenschiene eingeführt und festgeklemmt werden kann. Die Prismenschiene muss separat erworben werden. Manche Schienen

Wenn die Kamera auf einer Montierung befestigt wird, sollte ein Kugelkopf zwischengeschaltet werden.

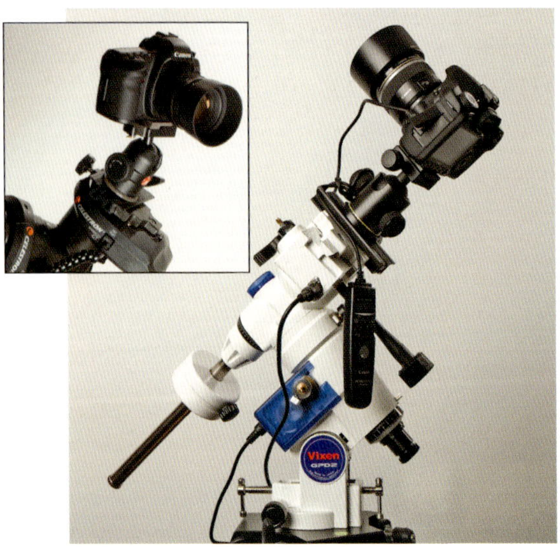

haben bereits entsprechende Bohrungen, um eine Schraube von unten durchzuführen und auf der Oberseite direkt die Kamera zu befestigen. Fehlt eine solche Bohrung, muss man selbst zum Bohrer greifen oder bohren lassen. Der Schraubenkopf sollte in der Schiene versenkt sein und nicht nach unten herausragen, was eine zweite Bohrung mit größerem Durchmesser und begrenzter Bohrtiefe erfordert. An das vordere Ende der Schiene kann eine zweite Schraube von unten eingeschraubt werden, so dass der Schraubenkopf nach unten herausragt. Das verhindert ein Durchrutschen der Schiene und einen Absturz der Kamera, falls die Schienenklemmung einmal versagen sollte.
Als Variante ist auch denkbar, die Kamera nicht direkt auf die Schiene zu schrauben, sondern zunächst einen Kugelkopf oder Getriebeneiger. Dann kann die Kamera nicht nur schneller montiert und demontiert werden, sondern Sie haben auch zusätzliche Freiheiten bei der Wahl des Bildausschnitts, weil sich die Kamera in gewissen Grenzen kippen lässt.

Die Kamera huckepack auf einem Fernrohr Wenn Sie bereits ein Fernrohr inklusive einer parallaktischen Montierung besitzen, können Sie diese Plattform natürlich nutzen, um eine Kamera mit Fotoobjektiv darauf zu befestigen. Dann stellt sich nur die Frage, wie sich die Kamera anbringen lässt. Bei einer „Deutschen Montierung" bietet sich eine Klemmeinrichtung an, die unter der Bezeichnung „Clamps" als Zubehör von Fotostudioeinrichtungen angeboten wird. Mit Hilfe solcher Clamps und einem zusätzlichen Kugelkopf kann die

Kamera an der Gegengewichtsstange sicher befestigt werden (s. Abb. Seite 13).
Noch stabiler sind Montageplatten auf den Rohrschellen eines Fernrohrs. Die Firma Losmandy bietet exzellente Lösungen an, die allerdings ihren Preis haben. Dafür tragen sie auch schwerste Objektive klaglos. Bei preiswerteren Angeboten ist darauf zu achten, dass eine Kamera nebst einem längeren Objektiv mit hohem Gewicht sicher, fest und vibrationsfrei montierbar ist, alles andere verdirbt die Resultate und letztlich auch die Freude.
Die weitere Vorgehensweise bei vorhandenem Fernrohr unterscheidet sich nicht von der ohne Fernrohr. Das Fernrohr selbst ist an der Entstehung der Himmelsaufnahmen nicht beteiligt, kann aber als „Leitfernrohr“ dienen und eine Kontrolle der Nachführung ermöglichen (s. Seite 95).
Egal, ob Sie mit oder ohne Fernrohr arbeiten: Die Nachführung versetzt Sie in die Lage, trotz längerer Belichtungszeiten gestochen scharfe Sternabbildungen zu erhalten. Das ist ein wichtiger Schritt, der Ihnen eine ganze Reihe von weiteren Fotomotiven erschließt.

Ausrichten der Montierung Wenn die Ausrüstung erst einmal komplett ist, sind nur noch wenige Schritte nötig, um die erste nachgeführte Himmelsaufnahme zu machen. Der erste besteht darin, die Montierung gemäß der Anleitung im Kasten *Grobes Einnorden einer parallaktischen Montierung* auf S. 48 richtig auszurichten. Ist die Stundenachse nicht hohl und kein Polsucherfernrohr vorhanden, können Sie sich wie folgt behelfen: Montieren Sie eine Kamera mit einem möglichst starken Teleobjektiv direkt auf der Prismenschiene. Richten Sie das Objektiv parallel zur Stundenachse aus, so dass es nach oben blickt. Nun ziehen Sie die Klemmung der Deklinationsachse fest. Die Parallelität lässt sich überprüfen, indem Sie durch den Sucher blicken und gleichzeitig die Stundenachse der Montierung, bei der die Klemmung gelöst ist, so weit wie möglich drehen.
Bei paralleler Ausrichtung dreht sich das Sucherbild um die Mitte des Bildfeldes, was anhand sichtbarer Sterne leicht zu überprüfen ist. Während der Drehung können Sie sogar ein Foto mit langer Belichtungszeit machen, dann lässt sich der Drehpunkt anhand des Fotos sehr leicht bestimmen, wenn einige Sterne zu erkennen sind (große Blendenöffnung, maximale ISO-Zahl einstellen!). Gibt es Abweichungen, muss die Deklinationsachse gelöst und der Vorgang wiederholt werden, bis der gewünschte Zustand erreicht ist.
Erst dann verändern Sie die Neigung der Stundenachse und das Azimut so lange,

Auch bei der Montage auf den Rohrschellen eines Fernrohrs erleichtert ein Kugelkopf die Wahl des Bildausschnitts.

Grobes Einnorden einer parallaktischen Montierung

1. Stundenachse auf die geografische Breite einstellen

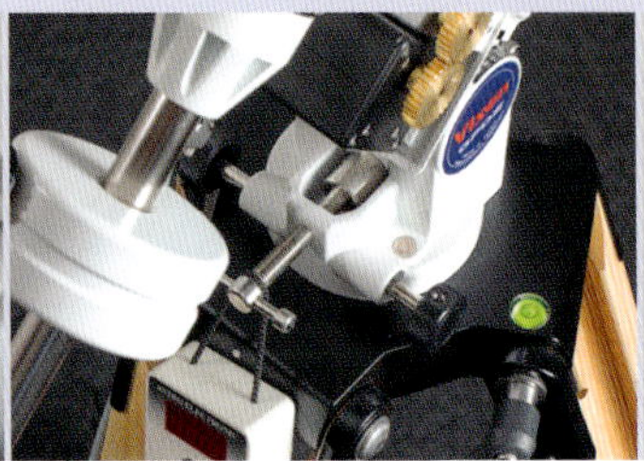

2. Stativ waagerecht aufstellen mit Wasserwaage

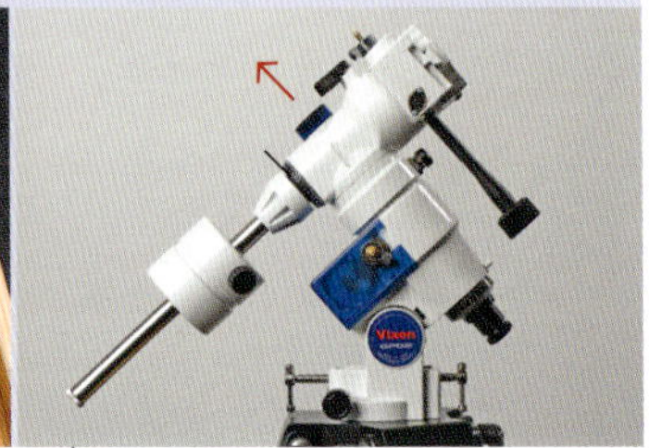

3. Stundenachse (roter Pfeil) nach Norden ausrichten

bis der Polarstern in der Mitte des Kamerasuchers steht. Ab diesem Zeitpunkt dürfen weder Polhöhe noch Azimuteinstellung der Montierung mehr verstellt werden!
Wenn die Montierung grob eingenordet ist, wenn auch nur auf den Polarstern, so ist das zunächst einmal genau genug. Möglichkeiten, um eine Montierung noch exakter aufzustellen, lernen Sie auf den Seiten 114ff kennen.

Aufnahmen machen

Nun geht es an die erste Aufnahme. Führen Sie nach dem Einnorden die Schritte im Kasten *Die erste Aufnahme* aus.

Grobes Einnorden einer parallaktischen Montierung (vgl. Abbildungen oben)

1. Stellen Sie die Neigung der Stundenachse Ihrer Montierung auf den Wert der geografischen Breite des Beobachtungsortes; für einen Ort mit 50 Grad nördlicher Breite also auf 50 Grad. Manche Montierungen haben dazu eine Winkelskala, an der Sie diesen Wert ablesen können.

2. Stellen Sie das Stativ exakt waagerecht auf, wobei eine Wasserwaage gute Dienste leistet.

3. Richten Sie die Stundenachse der Montierung nach Norden aus, so dass die Verlängerung der Achse auf den Himmelspol zeigt. Ein Kompass ist nicht genau genug, denn der magnetische Pol weicht vom geografischen Pol ab. Orientieren Sie sich besser am Polarstern, der nicht weit vom Himmelspol entfernt ist. Verfügt Ihre Montierung über ein Polsucherfernrohr, verwenden Sie es gemäß der Gebrauchsanleitung und gemäß der Beschreibung auf Seite 114f. Wenn Sie kein Polsucherfernrohr besitzen, aber die Stundenachse der Montierung trotzdem hohl, also durchbohrt ist, stellen Sie Neigungswinkel und das Azimut (Rotation um eine senkrechte Achse gegenüber dem Horizont) der Montierung so ein, dass Sie durch die Achse den Polarstern sehen (s. auch Abb. S. 115 unten).

Die erste Aufnahme
1. Schalten Sie die motorische Nachführung ein und lassen Sie sie mit Sterngeschwindigkeit laufen. Das ist deshalb erwähnenswert, weil manche Montierungen die Möglichkeit bieten, auch auf die Sonne oder den Mond nachzuführen.
2. Bestücken Sie die Kamera mit dem gewünschten Objektiv.
3. Verschieben Sie das Gegengewicht auf seiner Stange so weit, bis in etwa ein Gleichgewicht hergestellt ist, so dass die Montierung auch mit gelösten Klemmen in praktisch jeder Lage stehen bleibt. Durch Verschieben der Prismenschiene in der Schwalbenschwanzführung nach vorne oder hinten können Sie ein Gleichgewicht auch für die zweite Achse herstellen. Geringe Abweichungen vom Idealzustand stellen kein Problem dar.
4. Lösen Sie die Klemmungen der Stunden- und der Deklinationsachse, um die Kamera auf den Himmelsausschnitt Ihrer Wahl auszurichten. Durch die schräge Lage der Achsen ist das anfangs nicht unbedingt trivial, gelingt aber schon nach einer kurzen Übungsphase.
5. Lassen Sie nach dem Festziehen der Klemmungen der Montierung ein paar Sekunden Zeit, bis die Zahnräder ineinandergreifen, und starten Sie dann Ihre erste Belichtung.

Einstellungen Sinnvolle Einstellungen sind bei Blende 4,0 der ISO-Wert 200, eine maximale Brennweite von 50 Millimeter und die Belichtungszeitenwahl „bulb“ für beliebig lange Belichtungen. Ein Kabelauslöser oder eine drahtlose Fernsteuerung sollte verwendet werden, um Verwacklungen zu vermeiden. Sehr wichtig ist auch die exakte Scharfeinstellung (vgl. Seite 71f).

Belichtungszeit Ein guter Start ist eine Belichtung in der Größenordnung von einer Minute. Kontrollieren Sie nach der Aufnahme am Kameradisplay mit hoher Zoom-Stufe, ob die Sterne Punkte geblieben sind. Wenn ja, gibt es einen Grund zur Freude und die Motivation, es nun auch mit noch längeren Belichtungszeiten zu versuchen. Steigern Sie die Belichtungszeit um jeweils eine Minute und versuchen Sie herauszufinden, wie lange Sie maximal belichten können, bevor trotz der motorischen Nachführung die Sterne zu kleinen Strichen werden. Ursache können die grobe Einnordung und/oder eine Gangungenauigkeit der Montierung sein.

Um Überbelichtungen zu vermeiden, können Sie bei sehr langen Belichtungszeiten die Blende etwas schließen und den ISO-Wert auf 100 reduzieren, um das Bildrauschen zu optimieren. Läuft alles problemlos, unternehmen Sie die nächsten Versuche mit längeren Aufnahmebrennweiten, wobei die Anforderungen an eine exakte Nachführung mit der Brennweite steigen.

Motive für Kamera auf Montierung

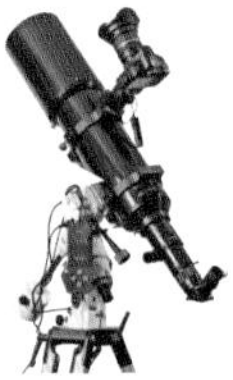

Mit einer nachgeführten Kamera können Sie länger belichten, ohne dass die Sterne zu Strichen werden. So können Sie z. B. Sternbilder oder das Band der Milchstraße auf den Chip bannen, aber ebenso Jagd auf helle, ausgedehnte Sternhaufen oder Gasnebel machen.

Landschaft mit Sternenhimmel

Daten zur Aufnahme unten	Kamera (Canon EOS); Optik	ISO; Blende; Belichtungszeit
Sternbild Leier über den Bergen von Death Valley, Kalifornien, USA	5D; Canon EF 1,4/35 mm L	800; 1,8; 180 Sek.

Ein Sternenhimmel über einer attraktiven Landschaft wirkt immer gut. Führt man die Kamera bei längerer Belichtung den Sternen nach, verwischt die Landschaft, stellt man die Kamera hingegen auf ein Stativ, werden die Sterne zu Strichen. Wenn es um den Sternenhimmel geht, sollten Sie sich für eine Nachführung entscheiden und leichte Unschärfen der Landschaft in Kauf nehmen. Theoretisch kann man auch aus zwei Aufnahmen, eine mit scharfer Landschaft und eine mit scharfen Sternen, in Photoshop ein Bild zusammensetzen, auf dem dann beides scharf ist. Aber wir wollen eine authentische Aufnahme versuchen, indem der ISO-Wert auf 800, 1600 oder gar höher eingestellt und ein lichtstarkes Objektiv benutzt wird.

Tipp Beleuchten Sie Vordergrundobjekte, die nicht weit entfernt sind, während der Belichtungszeit mit einem Blitzgerät. Die kurze Leuchtdauer des Blitzes erzeugt ein scharfes Bild davon und der immer noch verwischte Horizont wird nicht weiter stören (vgl. Abb. Seite 40/41).

Sternbilder

Mit einer nachgeführten DSLR können Sie Ihren eigenen Atlas der Sternbilder herstellen. Möchten Sie die Sternbilder dabei formatfüllend erfassen, müssen Sie mit verschiedenen Brennweiten arbeiten, denn es gibt sehr ausgedehnte Sternbilder (z. B. Wasserschlange), mittelgroße (z. B. Orion) oder auch kleine (z. B. Delfin). Richten Sie Ihre Kamera einfach mit der passenden Objektivbrennweite auf das Sternbild Ihrer Wahl (vgl. Tab. in der Innenklappe).

Dank der Nachführung können Sie sich erlauben, auch etwas länger zu belichten, dafür aber die ISO-Zahl auf maximal 400 zu stellen. Rauschärmere Ergebnisse lohnen den Aufwand. Auch eine Abblendung des Objektivs um eine oder zwei Blendenstufen ist zu empfehlen, um die Abbildungsqualität in den Bildecken zu verbessern und die Abdunklung der Ecken, die Vignettierung, abzumildern (vgl. S. 68f).

Tipp Um die Farben der hellen Sterne zu erhalten und um zu verhindern, dass sie durch Überbelichtung kaum noch von den schwächeren Sternen zu unterscheiden sind, empfehle ich den Einsatz eines Weichzeichnerfilters vor dem Objektiv. Die besten Resultate habe ich mit dem Filter P830 von Cokin erzielt. Eine schwächere Variante heißt P820, eine stärkere P840. Alle genannten Filter sind im Fotofachhandel erhältlich.

Daten zur Aufnahme unten	Kamera (Canon EOS); Optik	ISO; Blende; Belichtungszeit
Sternbild Löwe mit Saturn (mit Weichzeichner Cokin P830)	1Ds Mark II; Canon EF 1,4/35 mm L	400; 2,0; 120 Sek.

Das Band der Milchstraße

Grundsätzliches zur Fotografie des Milchstraßenbandes wurde bereits auf Seite 39 berichtet. Mit Nachführung können Sie nun länger belichten, was einerseits die Abbildung der schwachen Milchstraßenrandbereiche ermöglicht, andererseits auch die Verwendung eines Teleobjektivs erlaubt. Ein Teleobjektiv kann auf einen besonders interessanten Bereich der Milchstraße ausgerichtet werden, um dunkle Staub- und helle Sternwolken, Gasnebel und Sternhaufen sichtbar zu machen; vom mit Sternen übersäten Hintergrund einmal ganz zu schweigen. Welche Ausschnitte sich für „Nahaufnahmen“ besonders eignen, können Sie selbst ermitteln, indem Sie dazu Ihre eigenen Weitwinkelfotos einmal genau unter die Lupe nehmen (vgl. S. 62). Der Einsatz eines Weichzeichnerfilters, wie auf Seite 51 beschrieben, ist auch bei Milchstraßenfotos von Vorteil, um die hellen Sterne zu betonen und den Eindruck hervorzurufen, den man mit dem bloßen Auge hat.

Tipp Wenn Sie die Landschaft in ein Weitwinkelfoto mit Milchstraße einbeziehen, müssen Sie damit rechnen, dass diese durch die nachgeführte Kamera verwischt abgebildet wird – was aber nicht unbedingt stört.

Daten zur Aufnahme unten	Kamera (Canon EOS); Optik	ISO; Blende; Belichtungszeit
Weitwinkelaufnahme der Milchstraße	5D; Canon EF 2,8/15 mm Fisheye	800; 2,8; 240 Sek.

Meteore

Vorgehen sollten Sie, wie es auf Seite 35 beschrieben wurde. Dadurch, dass die Kamera nun der Himmelsdrehung nachgeführt wird, bleiben die Sterne punktförmig. Das Ergebnis sind natürlich aussehende Sternfeldaufnahmen, auf denen mit dem notwendigen Glück die eine oder andere Sternschnuppe zu sehen ist.

Vorteilhaft ist auch, dass mehrere, hintereinander aufgenommene Bilder durch die Nachführung weitgehend deckungsgleich sind. Sie müssen dann nur diejenigen Fotos herausfischen, auf denen mindestens ein Meteor zu sehen ist, um sie anschließend in Photoshop übereinanderzulagern. Das Ergebnis ist ein Bild mit entsprechend vielen Sternschnuppen.

Alle Einzelaufnahmen müssen absolut passgenau ausgerichtet und in Ebenen übereinandergelagert werden, wie es auf der Internetseite www.astromeeting.de/himmelsfotografie.htm erläutert wird. Dann benötigen Sie die Ebenenpalette, die mit der Taste „F7“ angezeigt werden kann. Jede der Ebenen wird auf der verkleinerten Darstellung in der Ebenenpalette separat angeklickt und anschließend wird der Überblendmodus aus einem Menü in der linken oberen Ecke der Ebenenpalette von „Normal“ auf „Aufhellen“ umgestellt.

Daten zur Aufnahme unten	Kamera (Canon EOS); Optik	ISO; Blende; Belichtungszeit
Perseiden vor der Milchstraße (Montage der Aufnahmen mit Meteor)	20Da; Canon EF-S 10–22 mm @ 11 mm	800; 4,0; 10 × 2 Min.

Das aschgraue Mondlicht

Steht die schmale Mondsichel am Himmel, kann oft auch der nicht vom Sonnenlicht getroffene Teil des Mondglobus als fahler Schein erkannt werden (das sogenannte aschgraue Mondlicht). Er wird beleuchtet von der Erde, die ihrerseits das Sonnenlicht reflektiert.

Dieser Mondteil ist um viele Größenordnungen leuchtschwächer als die helle Mondsichel, so dass Sie sich bei der Belichtung entscheiden müssen. Eine kurze Belichtungszeit zeigt Krater und andere Oberflächendetails der Sichel, während das aschgraue Licht nicht zu sehen sein wird. Eine lange Belichtungszeit zeigt zwar das aschgraue Licht, doch dann wird die Mondsichel hoffnungslos überbelichtet. Verwenden Sie ein Teleobjektiv mit möglichst langer Brennweite und verlängern Sie diese gegebenenfalls durch einen Telekonverter. Richten Sie die Kamera auf den Mond und versuchen Sie, mit dem Autofokus auf die Sichel zu fokussieren. Schalten Sie, wenn es die Steuerung Ihrer Montierung erlaubt, auf die Nachführung mit Mondgeschwindigkeit um und belichten Sie einige Sekunden lang bei ISO 400 oder höher.

Tipp Fertigen Sie am besten eine Reihe von Aufnahmen mit unterschiedlich langen Belichtungszeiten an.

Daten zur Aufnahme unten	Kamera (Canon EOS); Optik	ISO; Blende; Belichtungszeit
Aschgraues Mondlicht	20Da; Canon EF 4/600 mm L (eff. 1200 mm mit 2×-Telekonverter)	400; 8,0; 6 Sek.

Schöne Konstellationen mit Mond

Schon auf Seite 28 wurde beschrieben, dass durch die Bewegungen des Mondes und der Planeten immer wieder fotogene Begegnungen von zwei oder mehreren Himmelskörpern zustande kommen. In astronomischen Jahrbüchern wie dem *Kosmos Himmelsjahr* wird auf solche Konstellationen hingewiesen. Eine Nachführung der Kamera ist bei derartigen Ereignissen z. B. dann von Nutzen, wenn die Mondsichel mit von der Partie und das aschgraue Licht (s. Seite 54) sichtbar ist. Zieht der Mond dann an einem hellen Planeten vorbei, können Sie so lang belichten, dass auch die dunkle Seite des Mondes auf dem Foto zu erkennen ist. Die Überbelichtung der Mondsichel ist in Kauf zu nehmen und tut der Bildwirkung keinen Abbruch. Meist tauchen auf dem Foto sogar Sterne auf, die man visuell gar nicht bemerkt hat, die aber das Foto bereichern. Fotografisch lässt sich das aschgraue Licht sogar noch dann nachweisen, wenn schon mehr als die Hälfte des Mondes beleuchtet ist.

Tipp Wenn der Mond einmal am Sternhaufen der Plejaden (M 45) vorüberzieht, ergibt sich eine schöne Gelegenheit, dieses Rendezvous mit langer Belichtungszeit und Brennweite einzufangen.

Daten zur Aufnahme unten	Kamera (Canon EOS); Optik	ISO; Blende; Belichtungszeit
Mondsichel bei Venus	5D; Canon EF 2,8/300 mm L IS plus 1,4-fach-Telekonverter	400; 4,5; 8 Sek.

Mondfinsternisse

Wie Sie auf Seite 31 erfahren haben, ist eine Nachführung nicht erforderlich, solange Sie den hellen oder unverfinsterten Teil des Mondes mit einem Fotoobjektiv abbilden möchten, denn die Belichtungszeiten sind relativ kurz. Anders liegen die Verhältnisse beim total verfinsterten Mond, wenn der Vollmond komplett im Kernschattenkegel der Erde steckt und nur noch schwach in geheimnisvoller, kupferroter Farbe leuchtet. Um diesen Anblick fotografisch festzuhalten, müssen Sie mehrere Sekunden lang belichten, je nachdem, welches Öffnungsverhältnis Ihr Objektiv hat und wie hell der verfinsterte Mond noch ist. Experimentieren Sie daher mit unterschiedlichen Belichtungszeiten! Welche Belichtung die richtige ist, hängt ab von der Eindringtiefe des Mondes in den Kernschatten, der Höhe des Mondes über dem Horizont, den Wetterbedingungen und nicht zuletzt von der unvorhersehbaren Menge an Restlicht, die den Mond noch erreicht. Ein ungefährer Richtwert ist eine Belichtungszeit von 4 Sekunden bei ISO 800 und Blende 11.

Tipp Kontrollieren Sie nach den Aufnahmen die Histogramme der Farbkanäle. Die Gefahr, dass der Rotkanal während der Totalität rechts anschlägt, ist relativ groß.

Daten zur Aufnahme unten	Kamera (Canon EOS); Optik	ISO; Blende; Belichtungszeit
Totale Mondfinsternis mit Sternenhimmel	1Ds Mark II; Canon EF 4/600 mm L IS	400; 5,6; 2 Sek.

Kometen

Kometen sind nicht mit Sternschnuppen zu verwechseln. Sie kreisen, wie die Planeten, um die Sonne und entwickeln in Sonnennähe eine Atmosphäre, manchmal sogar einen Schweif. Die meisten Kometen werden nicht besonders hell und sind nur als „Nebelfleckchen" zwischen den Sternen zu entdecken. Manche tauchen kurzfristig und unerwartet auf, so dass ein astronomisches Jahrbuch ihr Erscheinen nicht vermelden kann. Das Internet bietet jedoch eine Möglichkeit, sich über aktuell zu beobachtende Kometen zu informieren, beispielsweise unter http://kometen.fg-vds.de.

Nur hellere Kometen sind lohnende Fotomotive für eine „aufgesattelte" Spiegelreflexkamera, besonders dann, wenn sie einen Schweif ausbilden. Steht ein solcher Komet am Nachthimmel, können Sie eine Aufnahmeserie versuchen, indem Sie jeden Tag oder in Intervallen von Stunden je ein Bild anfertigen und daraus eine Animation erstellen (s. Internetseite www.astromeeting.de/himmelsfotografie.htm). Dann lässt sich die Bewegung des Kometen vor dem Sternenhintergrund eindrucksvoll belegen.

Tipp Die meisten Kometen bewegen sich relativ zu den Sternen so langsam, dass Sie nachts bei moderater Brennweite ruhig ein paar Minuten belichten können.

Daten zur Aufnahme unten	Kamera (Canon EOS); Optik	ISO; Blende; Belichtungszeit
Komet McNaught über Vordergrundpanorama	1Ds Mark II; Canon EF 4/600 mm L IS (eff. 1200 mm mit 2×-Telekonverter)	200; 11,0; 1/90 Sek.

Das Zodiakallicht

Das Zodiakallicht entsteht durch Reflexion des Sonnenlichts an interplanetarem Staub, der sich in der Ebene der Planetenbahnen befindet. Es erscheint als pyramidenförmige Aufhellung entlang der Ekliptik. Am hellsten ist es am Horizont, während die immer lichtschwächer werdende Spitze im Extremfall fast bis zum Zenit reicht. Die größte Herausforderung bei der Fotografie des Zodiakallichts besteht darin, einen sehr guten Standort zu finden, an dem kein künstliches Licht den Himmel aufhellt. Auch der Mond sollte nicht am Himmel stehen und die Aufnahme stören. Besonders gute Chancen für eine Sichtung ergeben sich im Frühjahr nach Sonnenuntergang oder im Herbst vor Sonnenaufgang, wenn die Ekliptik in steilem Winkel zum Horizont verläuft. Achten Sie darauf, dass die Sonne mindestens 18 Grad unter dem Horizont steht, um das Zodiakallicht nicht mit der Dämmerung zu verwechseln. Verwenden Sie ein starkes Weitwinkelobjektiv, um die gesamte Ausdehnung zu erfassen, und kalkulieren Sie ein, dass die Kamera auch schwächere Regionen, die das bloße Auge nicht wahrnimmt, aufzeichnet.

Tipp Selbst dann, wenn Sie das Zodiakallicht nicht sehen, lohnt sich eine Aufnahme, um es vielleicht fotografisch zu erwischen.

Daten zur Aufnahme unten	Kamera (Canon EOS); Optik	ISO; Blende; Belichtungszeit
Zodiakallicht (pyramidenförmige Aufhellung in der Bildmitte; Aufnahme wurde nicht nachgeführt!)	20D; Canon EF-S 10-22 mm @ 10mm	1600; 4,5; 180 Sek.

Planetoiden

Planetoiden sind Kleinplaneten, die um die Sonne kreisen. Sie werden auch Asteroiden genannt. Die größten und die meisten dieser Kleinkörper halten sich zwischen der Mars- und der Jupiterbahn auf und können von der Erde aus als sternförmige Objekte beobachtet werden. Je nach Größe und Entfernung sind sie unterschiedlich hell, in Ausnahmefällen können manche dieser Objekte sogar mit dem bloßen Auge erkannt werden.

Doch auch dann, wenn ihre scheinbare Helligkeit nicht unterhalb der zehnten oder elften Größenklasse liegt, sind sie für ein Fotoobjektiv mit längerer Brennweite und Nachführung eine leichte Beute. Sie bewegen sich zwar relativ zu den Sternen, aber nur so langsam, dass einige Minuten Belichtungszeit immer noch zu einer punktförmigen Abbildung führen. Eine Ausnahme bilden „Erdbahnkreuzer", wenn sie sich gerade in Erdnähe aufhalten.

Um die langsame Bewegung der Planetoiden zu dokumentieren, müssen Sie mehrere Aufnahmen angefertigen, am besten im Zeitraum mehrerer Stunden oder Nächte.

Tipp Gelingt eine schöne Serie, bietet sich die Erstellung einer Animation an (s. Internetseite www.astromeeting.de/himmels fotografie.htm).

Daten zur Aufnahme unten	Kamera (Canon EOS); Optik	ISO; Blende; Belichtungszeit
Bewegung des Planetoiden Hebe	40D; Canon EF 1,8/200mm L	800; 1,8; je 30 Sek.

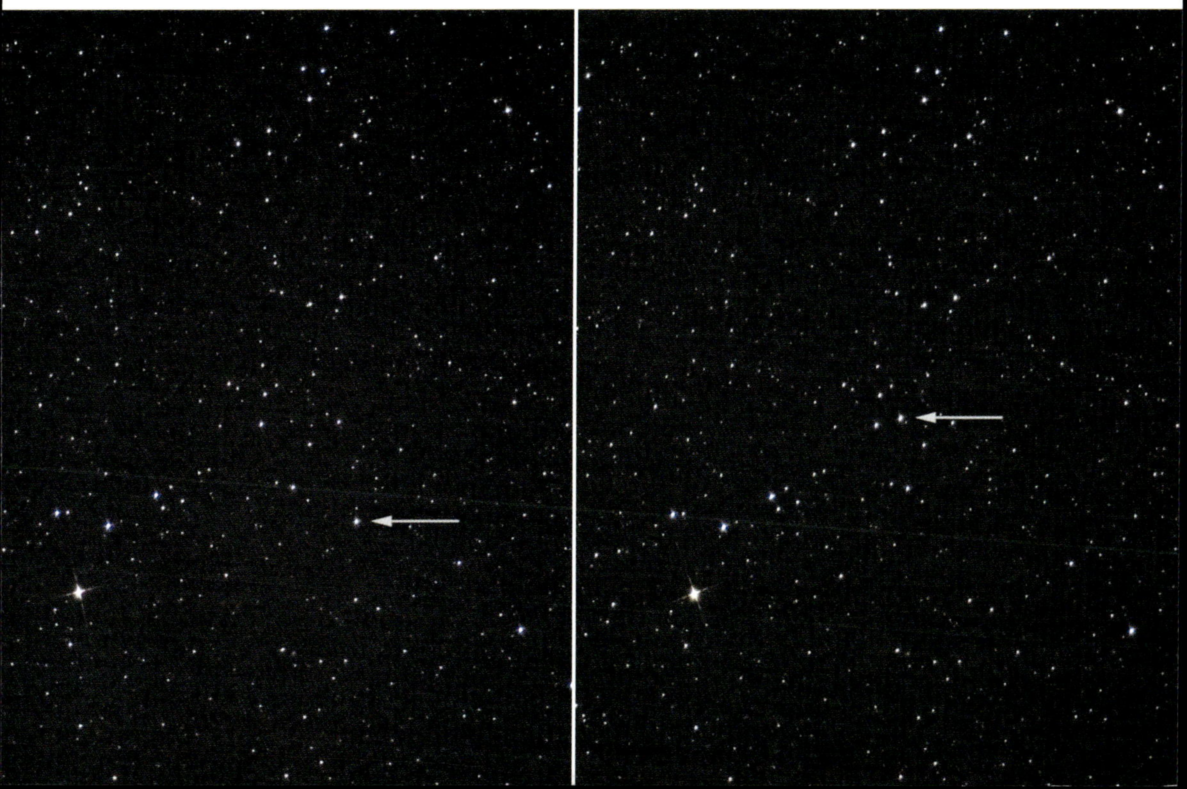

Sternhaufen

Bei der Fotografie eines Sternhaufens ist es das Ziel, Einzelsterne aufzulösen. Stehen die Sterne zu dicht oder ist die verwendete Aufnahmebrennweite zu gering, ist lediglich ein nebelhaftes Fleckchen zu sehen, was wenig attraktiv ist. Daher scheiden Kugelsternhaufen hier von vornherein aus, denn sie sind im Allgemeinen nur mit längeren Brennweiten, typischerweise die eines Teleskops, aufzulösen (s. Seite 99). Viele offene Sternhaufen hingegen sind gute Motive für Teleobjektive mit moderater und längerer Brennweite. Schon 200 bis 300 mm Brennweite reichen hier aus. Wenn Sie Ihr Fotoobjektiv nicht abblenden, können Sie zwei Drähte in Kreuzform vor die Frontlinse spannen, dann bekommen die Sterne „Spikes“ in Form von vier Strahlen, was sehr hübsch aussieht. Wird das Objektiv geringfügig abgeblendet, um seine Abbildungseigenschaften zu verbessern, sorgen bereits die Blendenlamellen durch Lichtbeugung für eine Strahlenbildung, dann sollten Sie die Drähte weglassen.

Tipp Als Motive gut geeignet sind z. B. die Plejaden (M 45) und die Hyaden im Stier, im Haar der Berenike der Sternhaufen Melotte 111, der Doppelsternhaufen h und χ im Perseus und M 35 in den Zwillingen.

Daten zur Aufnahme unten	**Kamera (Canon EOS); Optik**	**ISO; Blende; Belichtungszeit**
Sternhaufen Praesepe im Krebs	40D; Canon EF 1,8/200 mm L	800; 1,8; 9 × 120 Sek.

Gasnebel

Werden interstellare Staub- und Gasmassen von Sternen angestrahlt oder zum eigenen Leuchten angeregt, geben sie farbenprächtige Fotomotive am Nachthimmel ab. Allerdings gilt auch bei diesen Objekten die gleiche Einschränkung, die auch für Galaxien (s. Seite 63) zutrifft: Nur die hellsten Objekte mit der größten scheinbaren Ausdehnung am Himmel liegen in der Reichweite von langbrennweitigen Fotoobjektiven.

Viele dieser „Paradeobjekte" geben einen Großteil ihres Lichts bei einer Wellenlänge von 653 Nanometer ab, der „H-Alpha-Linie" des angeregten Wasserstoffs. Das verleiht ihnen die typische Rotfärbung, die man von vielen Fotos her kennt. Damit eine digitale Spiegelreflexkamera dieses Licht auch aufzeichnen kann, empfiehlt es sich, den Infrarotsperrfilter vor dem Sensor entfernen zu lassen; es steht also ein Umbau der Kamera an, wie er auf Seite 113f beschrieben wird (modifizierte DSLR).

Tipp Gut geeignete Gasnebelmotive sind: der Große Orion-Nebel M 42, der Nordamerikanebel NGC 7000 und der Zirrusnebel (z. B. NGC 6960 und weitere NGC-Nummern) im Schwan, der Lagunennebel M 8 im Schützen und der Adlernebel M 16 im Sternbild Schlange.

Daten zur Aufnahme unten	Kamera (Canon EOS); Optik	ISO; Blende; Belichtungszeit
Nordamerika- und Pelikannebel im Schwan (mit modifizierter DSLR!)	400D; Canon EF 1,8/200 mm L	400; 1,8; 14 × 300 Sek.

Dunkelwolken

Haben Sie bereits Weitfeldaufnahmen der Milchstraße (s. Seiten 39 und 52) in Ihrem Bildarchiv, so können Sie diese gezielt nach auffälligen Dunkelwolken absuchen oder einen Blick in den „Barnard-Katalog der Dunkelwolken“ werfen. Bei diesen Wolken handelt es sich um interstellaren Staub, der das Licht der dahinterliegenden Sterne verschluckt oder schwächt. So entstehen die scheinbar sternarmen oder sternleeren Regionen innerhalb der Milchstraße, die bizarre Formen annehmen können und dann ein eigenes Foto mit längerer Brennweite wert sind.

Das Schwierigste ist, mit dem Teleobjektiv den richtigen Ausschnitt zu treffen, denn die Dunkelwolken werden im Sucher nicht unbedingt sichtbar sein. Kurze Testbelichtungen mit der höchstmöglichen ISO-Zahl können Klarheit verschaffen, bevor Sie sich dann an die eigentlichen Aufnahmen mit mittlerem ISO-Wert begeben.

Tipp Machen Sie ruhig mehrere Aufnahmen, die Sie danach „stacken“, um das Rauschen zu vermindern (s. Internetseite www.astromeeting.de/himmelsfotografie.htm). Mit einer kontrastreichen Bearbeitung durch Anpassen der Gradationskurve (s. S. 137f) können Sie die Dunkelwolken gut herausarbeiten.

Daten zur Aufnahme unten	Kamera (Canon EOS); Optik	ISO; Blende; Belichtungszeit
Dunkelwolken im Schlangenträger	5D; Canon EF 2,8/300 mm L IS	800; 2,8; 4 × 60 Sek.

Galaxien

Wenn Sie ferne Milchstraßensysteme, von denen das nächste – der berühmte Andromeda-Nebel – schon fast drei Millionen Lichtjahre entfernt ist, mit einem Fotoobjektiv ablichten möchten, hört sich das nach einem verwegenen Plan an. Mit Standardbrennweiten gelingt es tatsächlich nur, Galaxien als kleine Nebelfleckchen zwischen den Sternen auszumachen. Wenn Sie ein Teleobjektiv mit 200 Millimeter Brennweite oder mehr verwenden, können Sie zwar immer noch keine formatfüllende Abbildung erwarten, aber bei einigen „Vorzeigeobjekten" werden Details wie Spiralarme und Staubwolken zu sehen sein. Doch selbst dann, wenn eine moderate Brennweite eine Galaxie nur winzig klein in einem großen Umfeld aus Sternen abbildet, sollten Sie eine Aufnahme wagen, denn auch solche Fotos können sehr reizvoll sein.

Tipp Haben Sie die Möglichkeit, die Südhalbkugel der Erde zu bereisen, nehmen Sie sich unbedingt die beiden Magellanschen Wolken vor, denn sie lassen sich mit dieser Technik erfolgreich ablichten. Am Nordhimmel versuchen Sie es am besten mit Messier 31 (dem Andromeda-Nebel), M 33 (dem Triangulum-Nebel), M 51 (der Whirlpool-Galaxie), M 101 (der Feuerradgalaxie) oder der Spiralgalaxie NGC 4565.

Daten zur Aufnahme unten	Kamera (Canon EOS); Optik	ISO; Blende; Belichtungszeit
Die Große Magellansche Wolke, Chile	5D; Canon EF 1,2/85 mm L	1600; 1,2; 15 Sek.

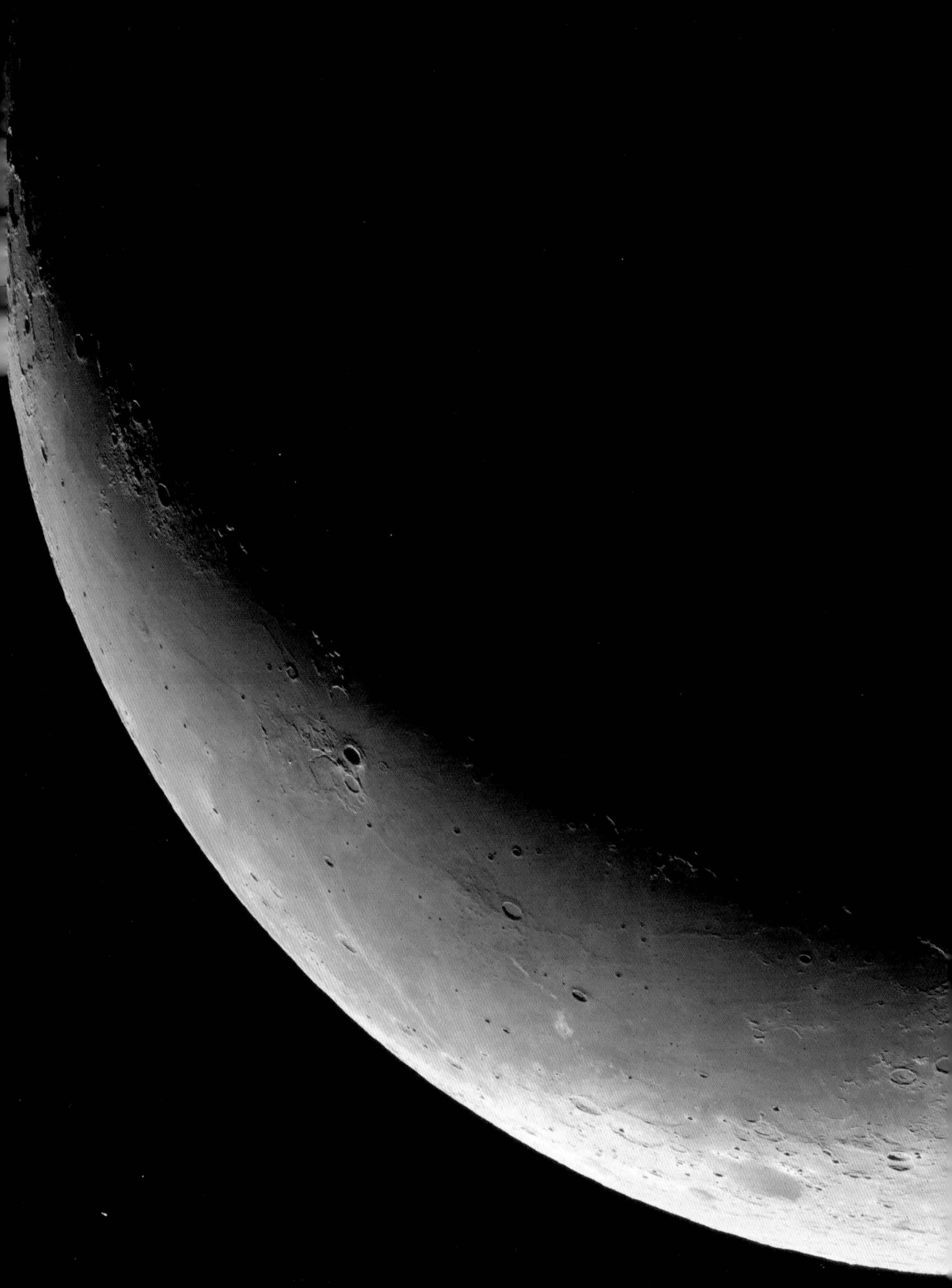

Das Fernrohr als Teleobjektiv

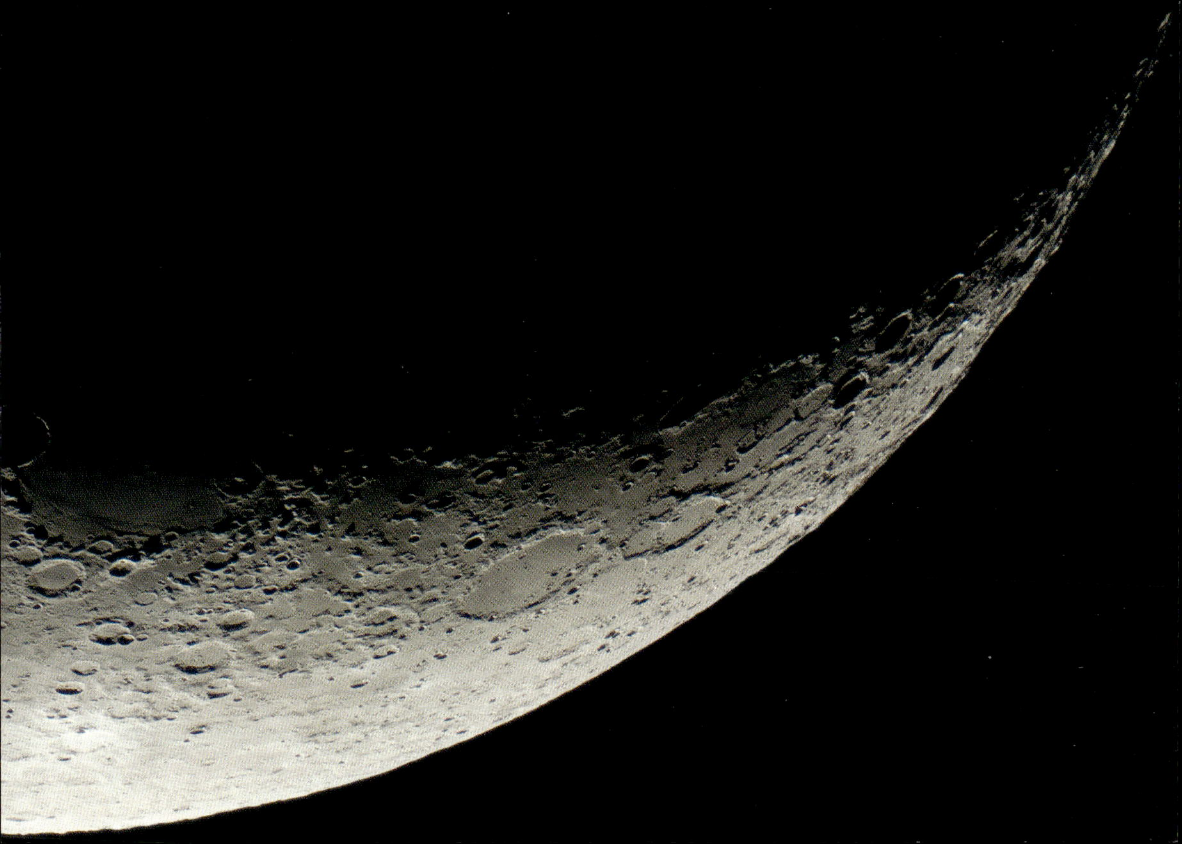

Fotografieren durch das Fernrohr

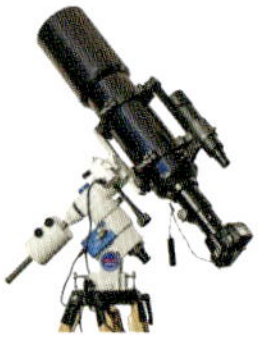

Steht Ihnen ein Fernrohr mit einer parallaktischen Montierung zur Verfügung, lässt sich dieses als Aufnahmeoptik verwenden. Damit können Sie zahlreiche winzige Objekte des Nachthimmels abbilden, die bei Verwendung eines Fotoobjektivs nicht zur Geltung kommen.

Mit einem Fernrohr liegen demnach auch kleine Objekte in Ihrer Reichweite. Die Brennweite der meisten Fernrohre liegt zwischen 500 und 2500 Millimeter, also oberhalb dessen, was erschwingliche Teleobjektive zu bieten haben. Dafür müssen Sie auf den Autofokus und eine eingebaute Blende verzichten, erzielen aber kleine effektive Bildwinkel.

In diesem Kapitel werden viele der Motive besprochen, die Sie auf diese Weise fotografieren können und bei denen die erforderliche Belichtungszeit so kurz ist, dass eine Nachführkontrolle, das „Guiding" (s. Seite 94f), nicht notwendig ist. Das soll aber nicht heißen, dass eine Nachführung ganz und gar überflüssig ist, ganz im Gegenteil: Bei langen Brennweiten würden Sterne schon nach wenigen Sekunden Belichtungszeit zu Strichen werden, wenn das Teleskop nicht motorisch der Himmelsdrehung folgt. Voraussetzung für die Motive in diesem Kapitel ist demnach der motorische Antrieb der Stundenachse einer

Mit einem Fernrohr können Sie auch interessante Oberflächendetails des Mondes aufs Korn nehmen wie Krater, Ebenen, Gebirge, Rillen und Verwerfungen.

Die Kamera ans Fernrohr montieren

1. T2-Adapter (links), Kamera und 2-Zoll-Anschlusshülse

2. T2-Ring und Hülse an die Kamera montiert

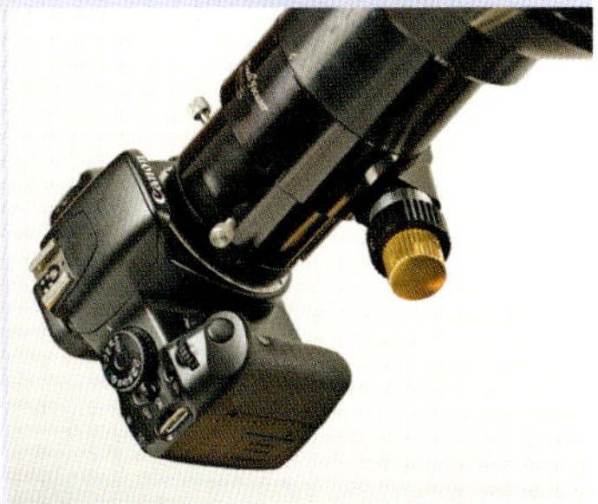

3. Die Kamera mit Adapter am Fernrohr (statt Okular)

parallaktischen Montierung (s. Seite 43f) und eine zumindest einigermaßen korrekt eingenordete Montierung (s. Seite 47f).

Vorbereiten der ersten Aufnahme

Bevor es nun losgehen kann, muss die Kamera noch am Fernrohr befestigt und fokussiert werden.

Befestigen der Kamera am Fernrohr Um die DSLR an das Fernrohr anzuschließen, benötigen Sie fernrohrseitig einen Okularauszug, der 2-Zoll-Zubehör aufnimmt, einen sogenannten T-Ring und eine Anschlusshülse. Der T-Ring hat kameraseitig das zu Ihrer Kamera passende Bajonett und fernrohrseitig immer ein genormtes T2-Gewinde. Beim Kauf ist darauf zu achten, dass er das richtige Bajonett hat, also zum Beispiel ein Canon-EF-, Nikon-F- oder Pentax-K-Bajonett. T-Ringe enthalten keine Linsen und werden anstelle des Fotoobjektivs an die Kamera angeschlossen. In das T2-Gewinde wird die Anschlusshülse eingeschraubt, die ebenfalls keine Linsen enthält und einen Außendurchmesser von 2 Zoll hat. Diese Hülse findet ihrerseits im Okularauszug des Fernrohrs ihren Platz.

Mit anderen Worten: Statt eines Okulars wird die Kamera samt Anschlusshülse am Fernrohr befestigt, so dass einzig die Fernrohroptik aus Linsen und/oder Spiegeln an der Bildentstehung beteiligt ist. Die Kamera befindet sich dabei im Primärfokus, so dass die Fernrohrbrennweite den effektiven Bildwinkel bestimmt. Das Öffnungsverhältnis des Fernrohrs entspricht der Blende eines Fotoobjektivs und errechnet sich, indem Sie die Brennweite durch die Fernrohröffnung dividieren, wobei Sie beide Angaben in Millimetern einsetzen müssen. Zum Beispiel hat ein Fernrohr mit 200 mm Öffnung und 800 mm Brennweite ein Öffnungsverhältnis von 1:4, was der Fotoblende „4“ entspricht.

Scharfstellen Ist die Kamera ans Teleskop montiert, muss überprüft werden, ob die Schärfe auf „unendlich“ einstellbar ist. Das können Sie am besten tagsüber erledigen, indem Sie ein weit entferntes, irdisches

Objekt anvisieren. Verstellen Sie die Schärfe so lange am Okularauszug, bis Sie ein scharfes Bild im Sucher sehen.
Ist das bei keiner Stellung des Okularauszugs zu erreichen, benötigen Sie vielleicht eine Verlängerungshülse, was bei vielen Refraktoren der Fall ist. Um zu testen, wie lang diese sein muss, können Sie die Kamera lösen und händisch auf der optischen Achse so weit nach hinten bewegen, bis Sie ein scharfes Bild im Sucher sehen.
Schwieriger wird es, wenn der umgekehrte Fall eintritt, d. h. wenn die Kamera zur Erreichung des Schärfepunktes einen kürzeren Okularauszug bräuchte. Bei Newton-Spiegelteleskopen kann das vorkommen, dann hilft nur der Austausch des Okularauszugs gegen einen mit geringerer Bauhöhe. Handelt es sich nur um wenige Millimeter, können Sie diese unter Umständen „herausschinden“, indem Sie den Hauptspiegel mit Hilfe der Justageschrauben etwas nach vorne versetzen. Nach einer solchen Maßnahme ist allerdings eine Kollimierung (Justage) des Instruments fällig.

Abbildungsfehler und Abhilfen

Problematisch können bei der Fotografie im Primärfokus Abbildungsfehler werden, die im Folgenden in Stichworten angesprochen werden.

Vignettierung Dabei handelt es sich um einen Lichtabfall zum Bildrand hin, der sich besonders in den Bildecken als Abdunklung bemerkbar macht. In gewissen Grenzen ist Vignettierung für jede abbildende Optik völlig normal und kann durch ein Hellfeldbild (s. Seite 128f) im Rahmen der Bildbearbeitung beseitigt werden. Dennoch unterscheiden sich Teleskope gerade in dieser Hinsicht, weil je nach Bauweise der Optik ein unterschiedlich großer Bildkreis ausgeleuchtet wird.
Reicht der Durchmesser des Bildkreises gerade eben so aus, um den Aufnahmesensor auszuleuchten, ist mit einem hohen Maß an Vignettierung zu rechnen. Mit steigender Größe des Sensors wächst auch das Vignettierungsrisiko an und im Extremfall treten völlig unbeleuchtete, schwarze Bildecken auf. Das sollte bedacht werden, wenn statt einer Kamera mit kleinem Sensor eine mit Vollformatsensor (s. S. 110f / Innenklappe) zum Einsatz kommen soll.
Bei Refraktoren tritt üblicherweise weniger Vignettierung auf als bei Schmidt-Cassegrain- oder Newton-Spiegelteleskopen. Letztere sind oft für visuelle Beobachtungen optimiert und haben einen zu kleinen Fangspiegel, um das ganze Gesichtsfeld einer DSLR auszufüllen. Gut geeignet sind hingegen fototaugliche Newton-Teleskope, bei denen der Fangspiegel von vornherein wesentlich größer ausgelegt ist.

Vignettierung macht sich in Form dunkler Bildecken bemerkbar.

Ist die Fläche der besten Schärfe gekrümmt, wird nur die Bildmitte scharf, nicht aber die Ecken (linkes Bild). Ein Flattener korrigiert dies und ermöglicht scharfe Fotos (rechtes Bild).

Abbildungsfehler am Bildrand Kein Teleskop bildet abseits der optischen Achse so gut ab wie in der Bildmitte. Störend tritt das in Erscheinung, wenn die Sterne zum Rand hin nicht mehr punktförmig sind. Das kann viele Gründe haben. Beispielsweise die Bildfeldkrümmung, bei der die Fläche der besten Schärfe des Teleskops nicht plan, sondern kugelförmig durchgebogen ist. Dann werden die Sterne zum Rand hin unscharf, wenn auf die Bildmitte fokussiert wird. Abhilfe schafft eine Bildfeldebnungslinse („Flattener"). Im besten Fall liefert der Fernrohrhersteller eine speziell für diesen Fernrohrtyp „gerechnete" Bildfeldebnungslinse, andernfalls müssen auf dem Markt befindliche Flattener ausprobiert werden, ob sie zu Ihrem Teleskop passen und die gewünschte Schärfe in den peripheren Bildbereichen herstellen. Praktisch alle Refraktoren leiden unter einer Bildfeldkrümmung, die manchmal so gering ist, dass sie nicht weiter stört. Größere Aufnahmesensoren in den Kameras stellen auch diesbezüglich höhere Anforderungen an die Teleskopoptik.

Ein anderer Grund für Unschärfen am Bildrand kann die sogenannte Koma sein, unter der besonders Newton-Spiegelteleskope zu leiden haben. Bekämpfen lässt sie sich durch Koma-Korrektoren, die ein Linsensystem enthalten und im Zubehörhandel erhältlich sind (vgl. Abb. S. 70).

Farblängsfehler Davon sind nur Linsen-, jedoch keine Spiegelteleskope betroffen. Ein Farblängsfehler, auch chromatische Aberration genannt, tritt dann auf, wenn das Objektiv die unterschiedlichen Farben des Spektrums nicht in einem einzigen Brennpunkt vereinigen kann. Bei klassischen Linsenfernrohren mit zweilinsigem Objektiv, auch als „Fraunhofer-Achromate" bezeichnet, hat die Farbe Blau beispielsweise eine andere Brennpunktlage als andere Farben. Selbst bei bestmöglicher Fokussierung tritt der Farblängsfehler dann in Form von auffälligen, blauen Lichthöfen um helle Sterne in Erscheinung. Das kann sehr störend sein, weshalb ein Fernrohrobjektiv mit besserer Farbkorrektur empfohlen werden muss.

Bei vielen Newton-Spiegelteleskopen haben die Sterne durch die Koma in den Außenbezirken ein „Schwänzchen". Ein Koma-Korrektor bewirkt scharfe Sternabbildungen bis in die Ecken.

Ideal sind die sogenannten „Apochromate", die weitgehend frei von diesem Fehler sind und meist ein Objektiv aus drei Linsen besitzen. Dazwischen liegen „Halb-Apochromate", die auch mit dem Zusatz „ED" beworben werden. Sämtliche Bezeichnungen unterliegen keiner Industrienorm, so dass Hersteller bei der Benennung zum Teil durchaus zu einer etwas optimistischen Einschätzung tendieren. Abgesehen von einer nicht immer realistischen Möglichkeit, ein Gerät vor dem Kauf selbst zu testen, sind für fotografische Zwecke zumindest ED-, also Halb-Apochromate zu bevorzugen.

Sinnvolles Zubehör

Möchten Sie die Brennweite des Fernrohrs bzw. das Öffnungsverhältnis dem ausgewählten Motiv anpassen, benötigen Sie entsprechende im Handel erhältliche Linsen, die zwischen Kamera und Okularauszug des Fernrohrs montiert werden.

Barlow-Linse Sie dient zur Verlängerung der effektiven Brennweite. Mit Hilfe eines Linsensystems kann die Brennweite um den Faktor 1,5x, 2x oder mehr anwachsen, wobei das Gesichtsfeld immer kleiner wird. Das Öffnungsverhältnis ändert sich ent-

Linsenteleskope neigen zu Farbfehlern (Blausaum um helle Sterne). Von Achromat (links) über Halb-Apochromat (Mitte) bis Apochromat (rechts) wird die Abbildung immer farbreiner.

sprechend: Bei einer Verlängerung von 1,5-fach um ca. eine „Blendenstufe", bei zweifacher Verlängerung um zwei Blendenstufen. Eine 2-fach-Barlow-Linse macht aus einem Fernrohr mit 200 mm Öffnung und 800 mm Brennweite (F/4) ein Gerät mit 1600 mm Brennweite (F/8).

Brennweitenreduzierer Er bewirkt das Gegenteil der Barlow-Linse und verkürzt die effektive Brennweite des Teleskops um den Faktor 0,8 bis 0,33, je nach Typ. Das Gesichtsfeld wird größer, die Abbildungsgröße der Objekte schrumpft.
Eine Problematik bei der Verwendung von Brennweitenreduzierern, die auch Shapley-Linsen genannt werden, besteht darin, dass auch der Bildkreis, den das Teleskop noch ausleuchtet, kleiner wird und Vignettierung auftreten kann. Das Öffnungsverhältnis ändert sich entsprechend der neuen Effektivbrennweite. An Newton-Spiegelteleskopen sind Shapley-Linsen nicht verwendbar.

Und noch einmal: Die Bildschärfe

Ohne die weiter oben aufgelisteten Tücken bei der Fokalfotografie verharmlosen zu wollen, gibt es noch eine andere Schlüsselstelle, die über Wohl und Wehe der Aufnahmen entscheidet: die Einstellung der bestmöglichen Bildschärfe. Die von Fotoobjektiven gewohnte Autofokusfunktion steht nicht mehr zur Verfügung, sobald die Kamera ans Teleskop angeschlossen ist. Zudem ist der zu tolerierende Fokusbereich aufgrund der langen Brennweite extrem gering. Bei lichtstarken Teleskopen mit einem großen Öffnungsverhältnis (z. B.

Barlow-Linsen (oben), Bildfeldebnungslinsen („Flattener", unten). Sie wirken oft gleichzeitig als Shapley-Linsen.

1:4,0) muss noch genauer scharf gestellt werden als bei solchen mit kleinem Öffnungsverhältnis (z. B. 1:10).
Das Prinzip der Spiegelreflexkamera verheißt hier die einfache Lösung, manuell zu fokussieren und die Schärfe im Sucher zu beurteilen. Richten Sie dazu das Fernrohr auf einen sehr hellen Stern, und stellen zunächst im Sucher den bestmöglichen Schärfepunkt ein. Dann fertigen Sie Testaufnahmen mit einer oder zwei Sekunden Belichtungszeit an. Bewerten Sie das Ergebnis bei maximaler Vergrößerung auf dem Kameradisplay. In immer kleineren Schritten können Sie sich so dem besten Schärfepunkt nähern. Fahren Sie dabei ruhig einmal über den vermeintlich optimalen Punkt hinaus, um dann wieder in entgegengesetzter Richtung zu korrigieren und ein Gefühl für den optimalen Fokuspunkt zu bekommen. Das ist ein mühsamer, zeitraubender Prozess, doch der Aufwand lohnt sich, denn die Fokussierung entscheidet über Erfolg oder Misserfolg der Aufnahme.
In der Praxis erweist sich diese Methode allerdings als schwierig. Offenbar sind die

modernen Einstellscheiben der DSLRs nicht mehr für eine hochgenaue, manuelle Fokussierung zu gebrauchen. Auch die Verwendung von Sucherlupen oder ähnlichen Hilfsmitteln führt zu keiner Verbesserung, so dass eher nach alternativen Methoden Ausschau zu halten ist.

Live-View Wohl dem, der eine relativ neue DSLR sein Eigen nennt, die bereits über die Funktion „Live-View“ verfügt. Live-View heißt, dass auf Knopfdruck der Spiegel der Kamera hochklappt, der Verschluss geöffnet wird und der Sensor ein Live-Bild, ähnlich wie bei einer Kompakt- oder einer Videokamera, aufnimmt. Dieses Live-Bild erscheint dann auf dem Display der Kamerarückseite und kann dort hinsichtlich der Schärfe geprüft werden.

Für eine noch genauere Betrachtung steht eine digitale Lupe zur Verfügung, mit der beliebige Bereiche des Bildes in bis zu zehnfacher Vergrößerung angezeigt werden können. Sei es die Sonne, der Mond oder ein hellerer Stern, bei hoher Vergrößerungsstufe ist der beste Schärfepunkt ebenso schnell wie treffsicher gefunden.

Ein Stern dritter Größenklasse reichte bei meinen Aufnahmen stets für diese Art der Scharfeinstellung aus. Ist im direkten Umfeld des zu fotografierenden Objekts kein Stern dieser Helligkeit zu finden, schwenkt man sein Teleskop oder die Kamera kurzerhand auf einen ausreichend hellen Stern, stellt scharf und schwenkt dann wieder zurück auf das Motiv.

Der unbestrittene Vorteil von Live-View ist, dass die Fokussierung genau erfolgen kann und keine zusätzlichen Hilfsmittel notwendig sind und auch kein PC oder Laptop angeschlossen werden muss. Damit sind Sie unabhängig von weiteren Geräten mit notwendiger Stromversorgung, was insbesondere beim Arbeiten im Feld angenehm ist. Diesen „Luxus“ des Live-View bieten z. B. alle aktuellen DSLRs von Canon. Die letzten Modelle, bei denen Sie noch ohne Live-View auskommen müssen, sind die Canon EOS 400D, EOS 30D, EOS 5D, EOS 1D Mark II und 1Ds Mark II.

Aber auch mit Kameras ohne Live-View können Sie punktgenau fokussieren. Allerdings ist dazu ein angeschlossener Computer oder Laptop in Verbindung mit einer separat zu beschaffenden Software notwendig. Zwei Lösungen werden auf der Internetseite www.astromeeting.de/himmelsfotografie.htm vorgestellt.

Die Live-View-Funktion ermöglicht die Anzeige eines stark vergrößerten Bildausschnitts.

Live-View mit PC Steht zusätzlich zur Funktion Live-View ein Computer oder Laptop zur Verfügung, kann das Live-Bild statt auf dem kleinen Kameradisplay auch auf dem Monitor des Rechners dargestellt werden. Und auch dort gibt es die Vergrößerungs-

Scharfeinstellung am Stern Wega in der Leier: links mit Autofokus, Mitte durch den Spiegelreflexsucher, rechts mittels Live-View-Funktion, die das beste Ergebnis liefert.

funktion. Spätestens dann wird die einstige Herausforderung, nämlich das Finden des besten Schärfepunktes, zum reinen Vergnügen. Sie schauen sich einfach den Bildschirm an, der in höchster Vergrößerungsstufe einen Teil des Bildes zeigt, und drehen am Fokusrad des Teleskops. Während Sie den Fokus verstellen, können Sie in Echtzeit das Ergebnis auf dem Bildschirm beobachten. Fahren Sie auch hier ein paar Mal über den Schärfepunkt hinaus und wieder zurück, um ein sicheres Gefühl dafür zu bekommen, an welcher Stelle das Bild optimal scharf ist.

Vibrationen Sollten Sie trotz bester Fokussierung unscharfe Bilder erhalten, könnten Vibrationen die Ursache sein, die bei der Auslösung der Kamera entstehen. Nicht nur die Stabilität der Montierung spielt dabei eine Rolle, sondern auch alle anderen beteiligten Komponenten wie Stativ oder Säule, die mechanische Verbindung zwischen Montierung und Teleskop sowie die Stabilität des Okularauszugs. Besonders kritisch sind lange Teleskoptuben, bei denen durch die Hebelwirkung die Gefahr der Verwacklung besonders hoch ist.
Ziehen Sie alle Klemmschrauben stramm an. Wenn das keine Abhilfe schafft, sollte an der Kamera die Spiegelvorauslösung aktiviert werden. Beim ersten Druck auf den Auslöser klappt dann zunächst nur der Spiegel innerhalb der Kamera nach oben, ohne dass die Belichtung gestartet wird. Erst eine erneute Betätigung des Auslösers, nachdem die Vibrationen des Spiegelschlags abgeklungen sind, öffnet den Kameraverschluss, und die Belichtung beginnt. Doch selbst die Spiegelvorauslösung ist kein Allheilmittel: Einerseits unterstützen die meisten Steuerprogramme, mit deren Hilfe sich die Kamera über einen Computer kontrollieren lässt, die Spiegelvorauslösung nicht und erwarten, dass diese Funktion ausgeschaltet bleibt. Andererseits entstehen sogar durch den Verschlussablauf nennenswerte Vibrationen. Dann hilft wirklich nur noch eine verbesserte Stabilität der eingesetzten Mechanik, wobei die Schwierigkeit darin besteht, den Schwachpunkt ausfindig zu machen.
Um zu testen, ob Ihre Konfiguration von einem solchen Problem betroffen ist, können Sie Aufnahmen des Mondes machen, bei denen die Kamera ausnahmsweise durch ein zweites, zusätzliches Stativ unterstützt wird. Werden diese Fotos dann schärfer als die ohne das Zusatzstativ, muss die Stabilität verbessert werden.

Motive für Kamera mit Fernrohr

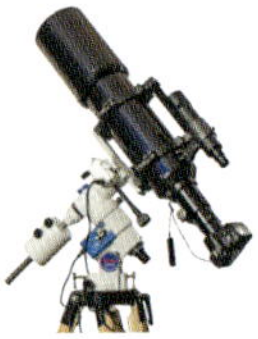

Mit einem Fernrohr können Sie Details festhalten, die mit einem Fotoobjektiv nicht zu sehen sind. Dazu zählen z. B. die Internationale Raumstation, Flecken auf der Sonne, Gebirge auf dem Mond oder die hellen Planeten.

Die Internationale Raumstation (ISS)

Am besten lässt sich die ISS fotografieren, wenn sie sich nahe des Zenits aufhält, was nicht bei jedem Überflug der Fall ist. Die Station bewegt sich schnell, gehen Sie daher so vor: Verwenden Sie eine Brennweite zwischen 2000 und 4000 mm. Richten Sie das Fernrohr auf einen hellen Stern und fokussieren Sie exakt. Wenn der Stern genau in der Suchermitte steht, justieren Sie Ihr Sucherfernrohr, so dass auch dort der Stern in der Mitte des Fadenkreuzes steht. Stellen Sie an Ihrer Kamera ein: ISO 1000, manuelle Belichtung auf 1/500 Sekunde, Serienbildmodus und das JPG- statt dem RAW-Format. Letzteres, damit die Kamera im Dauerbetrieb wegen der Datenmengen keine langen Pausen einlegen muss.

Nun lösen Sie alle Klemmen der Montierung. Verwenden Sie einen Kabelauslöser und verfolgen Sie die ISS nach ihrem Auftauchen mit dem Sucher. Immer, wenn die Station im Zentrum des Fadenkreuzes steht, lösen Sie bei der Kamera „Dauerfeuer" aus.

Tipp Beginnen Sie mit dem Auslösen, noch bevor die ISS den Zenit erreicht. Selektieren Sie dann die Fotos, auf denen die Station getroffen und scharf abgebildet wurde.

Daten zur Aufnahme unten	Kamera (Canon EOS); Optik	ISO; Blende; Belichtungszeit
Die Internationale Raumstation ISS	1Ds Mark II; Astro-Physics 10″ Maksutow-Cassegrain	1000; 14,6; 1/500 Sek.

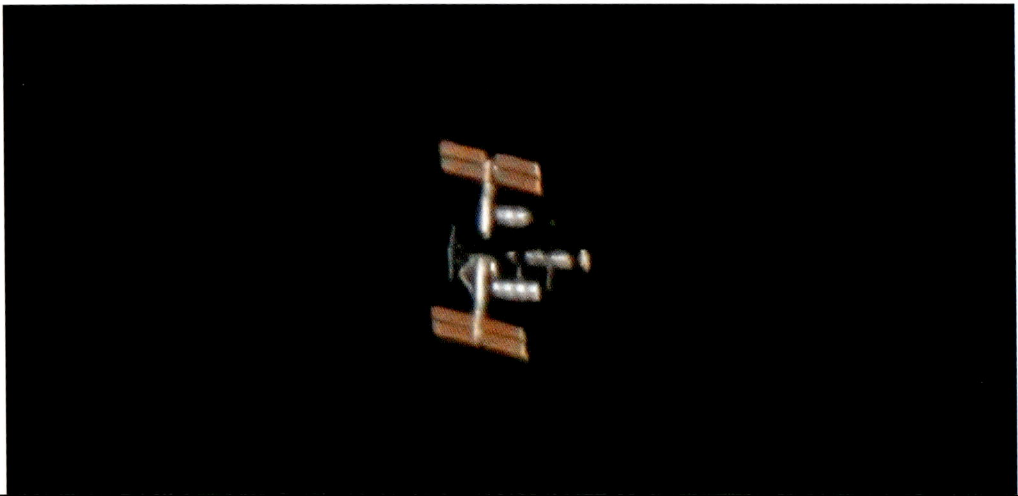

Die Sonnenscheibe

Sobald die Sonne mit einem Teleskop anvisiert wird, ist oberste Vorsicht geboten. **Bitte beachten Sie die Hinweise auf Seite 108f!** Mit geeignetem Schutzfilter sind scharfe Aufnahmen der Sonne mit ihren Flecken kein großes Problem, denn Licht ist genug vorhanden, die Belichtungszeiten entsprechend kurz. Welche Brennweiten nötig sind, um die Sonne möglichst groß, aber vollständig auf das Foto zu bekommen, können Sie den Werten für den Vollmond auf Seite 80 entnehmen, denn die Sonne hat die gleiche scheinbare Größe. Stellen Sie möglichst genau scharf, dann haben Sie die Chance, ab einer Teleskopöffnung von etwa 100 Millimeter die Granulation abzubilden. Um diese nicht mit dem Bildrauschen zu verwechseln, belassen Sie die ISO-Einstellung bei 100. Bei der Belichtung können Sie sogar der Zeitautomatik vertrauen und, falls notwendig, mit der manuellen Belichtungskorrektur eingreifen. Die korrekte Belichtung ist durch die Analyse des Histogramms nach der Aufnahme zu kontrollieren, am besten separat für alle drei Farbkanäle.

Tipp Wenn Sie immer die gleiche Optik verwenden, können Sie versuchen, die unterschiedliche scheinbare Größe der Sonne zu dokumentieren: Anfang Januar steht die Erde in Sonnennähe, Anfang Juli in Sonnenferne.

Daten zur Aufnahme unten	Kamera (Canon EOS); Optik	ISO; Blende; Belichtungszeit
Sonne mit Flecken (mit Herschel-Keil zur Abschwächung des Sonnenlichts)	20D; Skywatcher ED 80 mm plus 2-fach-Barlow-Linse	100; 15,0; 1/350 Sek.

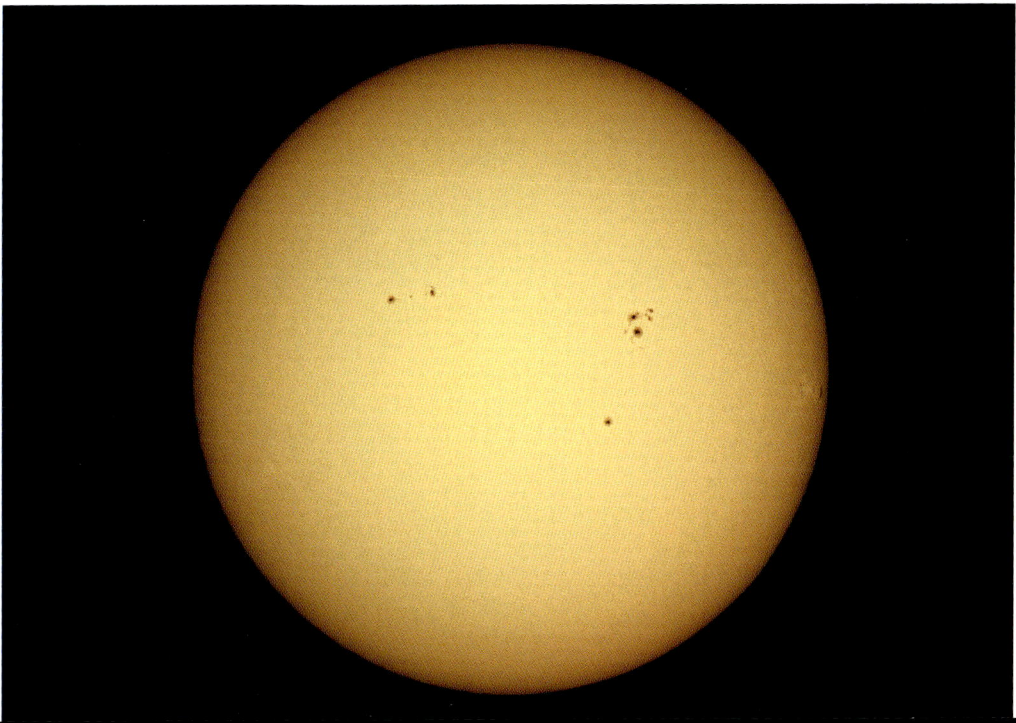

Sonnenflecken

Größere Sonnenflecken zeigen bei hoher Vergrößerung nicht nur die Differenzierung in einen dunklen Kernbereich (Umbra) und einen helleren Randbereich (Penumbra), sondern auch faserige Filamente innerhalb der Penumbra sind zu erkennen sowie gelegentlich Lichtbrücken (**Sicherheitsvorkehrungen beachten, s. S. 108f**).

Nur lange Brennweiten sind in der Lage, das theoretische Auflösungsvermögen des Teleskops zu erreichen, was spätestens bei einem Öffnungsverhältnis von 1:30 der Fall ist. Lange Belichtungszeiten benötigt die Sonne nicht, im Zweifelsfall verwenden Sie statt der visuellen eine fotografische Filterfolie, die viel mehr Licht durchlässt und damit kurze Belichtungszeiten bei niedriger ISO-Zahl ermöglicht. Das hilft, die Luftunruhe „einzufrieren" und ein scharfes Bild in einem Moment relativer Luftruhe zu erhalten. Ist das Bild der fotografischen Filterfolie zu hell und werden Sie beim Blick durch den Sucher geblendet, müssen Sie einen zusätzlichen Graufilter in den Strahlengang einsetzen. Empfehlenswert ist eine ganze Aufnahmeserie, aus der Sie später das schärfste Bild heraussuchen.

Tipp Wenn Sie eine große Fleckengruppe über mehrere Tage verfolgen, können Sie die Fleckenentwicklung dokumentieren.

Daten zur Aufnahme unten	Kamera (Canon EOS); Optik	ISO; Blende; Belichtungszeit
Sonnenrand mit Fleckengruppe (mit Herschel-Keil)	20D; Astro-Physics 155 mm, mit Barlow-Linse bei f/32	100; 32,0; 1/20 Sek.

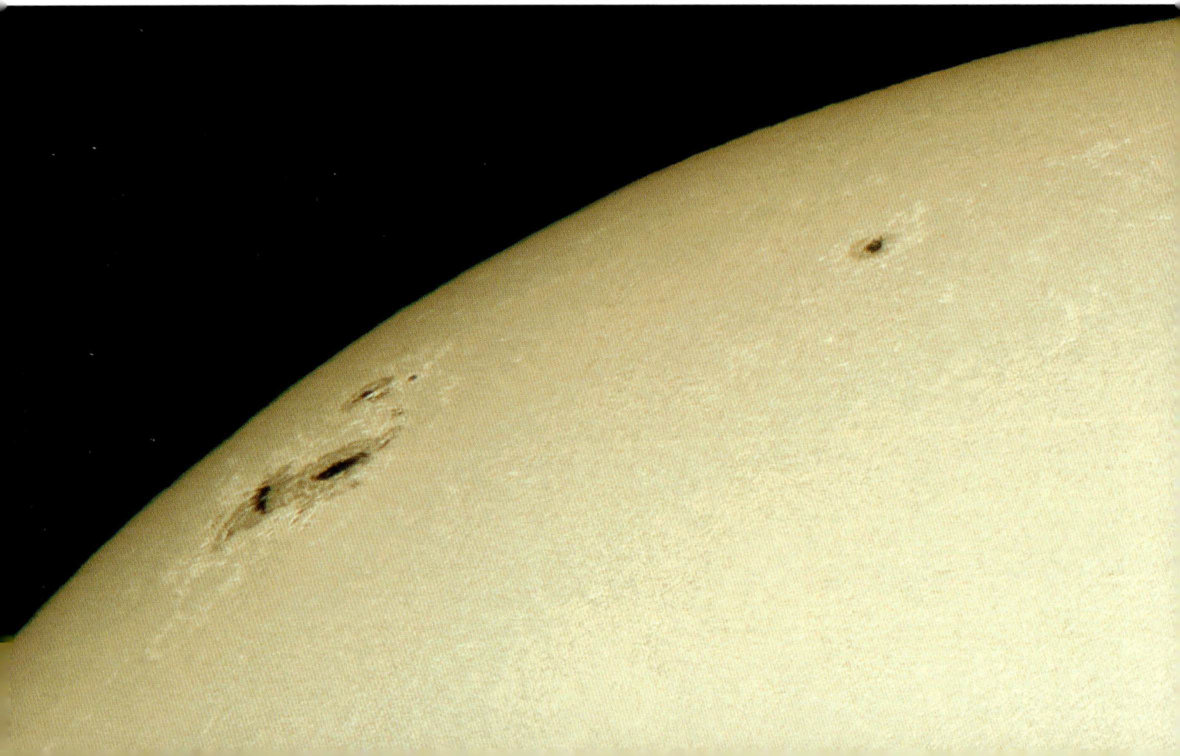

Die Sonne im H-Alpha-Licht

Mit einem „H-Alpha-Filter" ist es möglich, die Chromosphäre der Sonne zu beobachten, die über der hellen Photosphäre angesiedelt ist (**S. 108f beachten!**). Diese recht kostspieligen Filter lassen nur einen sehr schmalen Lichtbereich passieren, das Licht des angeregten Wasserstoffs. Zu sehen ist ein monochromes, rotes Bild der Sonne. Am Sonnenrand werden Protuberanzen sichtbar, riesige Flammenzungen, die ihr Aussehen innerhalb weniger Minuten verändern können. Auf der Sonnenscheibe gibt es Filamente, das sind Protuberanzen in Aufsicht, und neben einer flockigen Grundstruktur („Flocculi") manchmal auch helle Bereiche, Ausbrüche („Flares"), die sich teilweise rasant entwickeln.
Bei der Fotografie kommt es neben einer perfekten Scharfeinstellung auf die richtige Belichtung an, denn der Belichtungsmesser liefert hierbei keine zuverlässigen Ergebnisse. Stellen Sie die Belichtung daher auf manuell und die richtige Zeit per Hand ein. Sie erkennen sie daran, dass der Rotkanal des Histogramms keine Überbelichtung signalisiert (vgl. S. 124).

Tipp Da die Protuberanzen am Rand viel lichtschwächer sind als die Sonnenscheibe, empfiehlt sich eine weitere Belichtungsreihe mit absichtlicher Überbelichtung.

Daten zur Aufnahme unten	Kamera (Canon EOS); Optik	ISO; Blende; Belichtungszeit
Sonne durch ein H-Alpha-Filter (mit modifizierter DSLR)	400D; Astro-Physics Traveler 105 mm f/6 Apochromat und 2-fach-Barlow-Linse	100; 12,0; 1/500 Sek.

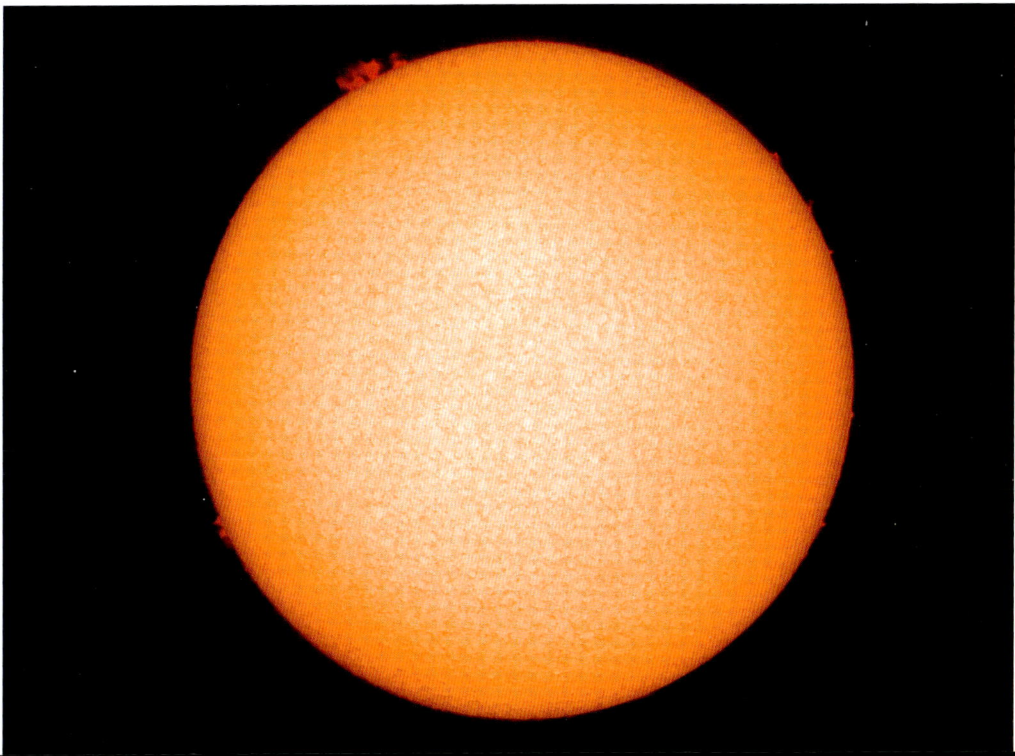

Sonnenfinsternisse

Für die teilweise verfinsterte Sonne gelten die gleichen Fototipps wie für die unverfinsterten Sonne (s. Seite 75), inklusive der **Sicherheitshinweise auf Seite 108f**. Wenn die totale Verfinsterung eintritt und die Korona erscheint, dann, und nur dann (!) müssen alle Sonnenschutzfilter entfernt werden. Die Aufnahmebrennweite sollte eher kürzer sein, um möglichst die gesamte Korona auf das Bild zu bekommen. Gut geeignet sind kleine Refraktoren mit maximal 500 mm Brennweite. Variieren Sie die Belichtung während der kurzen Totalitätsdauer in weiten Grenzen, um sowohl die hellen Innenbereiche als auch die lichtschwachen Ausläufer und Strahlen festzuhalten: Kürzere Belichtungen zeigen die Protuberanzen am Sonnenrand, längere erfassen die leuchtschwachen Bereiche, während das helle Zentrum überbelichtet wird. Es lohnt daher eine ganze Belichtungsserie, angefangen bei einer Sekunde, dann ½, ¼, ⅛, 1/15, 1/30 … 1/1000 Sekunde bei moderater ISO-Zahl.

Tipp Gelungene Einzelbilder können Sie mit der auf der Internetseite www.astromeeting.de/himmelsfotografie.htm beschriebenen Methode kombinieren, um den Dynamikumfang der Aufnahme zu steigern. Sie müssen jedoch den gesamten Prozess für jedes Einzelbild wiederholen.

Daten zur Aufnahme unten	Kamera (Canon EOS); Optik	ISO; Blende; Belichtungszeit
Totale Sonnenfinsternis (aus 9 Aufnahmen mit versch. Belichtungszeiten)	5D; TMB Apochromat, 80 mm Öffnung	400; 4,8; 1/3–1/350 Sek.

Auf- und Untergänge von Sonne und Mond

Die lange Brennweite eines Teleskops ermöglicht imposante Aufnahmen, wenn sich die Sonne oder der Mond nahe dem Horizont befinden, vor allem, wenn noch irdische Objekte wie Bäume oder Gebäude mit im Bildfeld sind. Je nach Beobachtungsstandort und Zustand der Atmosphäre kann es vorkommen, dass Sonne oder Mond nicht nur oval erscheinen, sondern vollständig deformiert werden. Außerdem besteht die Chance, einen „Grünen Blitz" am oberen Rand oder einen „Roten Blitz" am unteren Rand zu erleben, eine atmosphärisch bedingte Erscheinung, die nur den Bruchteil einer Sekunde andauert. Für Sonnenaufnahmen beachten Sie bitte die **Sicherheitshinweise auf Seite 108f.**

Stellen Sie die Kamera auf Serienbildfunktion, um mehrere Bilder pro Sekunde aufnehmen zu können und den Höhepunkt nicht zu verpassen. Um die Belichtung perfekt einzustellen, bleibt meistens keine Zeit, daher vertrauen Sie am besten der Zeitautomatik, bei der die Kamera die Belichtungszeit selbst steuert.

Tipp Wenn es schon recht dunkel ist und Sonne oder Mond nur klein abgebildet werden, müssen Sie mit der Belichtungskorrektur eine kürzere Belichtung erzwingen.

Daten zur Aufnahme unten	Kamera (Canon EOS); Optik	ISO; Blende; Belichtungszeit
„Red Flash" am unteren Rand des aufgehenden Mondes	20Da; Astro-Physics Traveler 105 mm f/6 Apochromat + 2-fach-Barlow-Linse	400; 12,0; 1/15 Sek.

Der Mond und seine Phasen

Mit der Technik der Fokalfotografie können Sie sehr detailreiche Aufnahmen des Mondes in seinen unterschiedlichen Phasen erstellen, auf denen die Krater, Ebenen, Gebirge und Täler deutlich sichtbar sind. Um möglichst viele Einzelheiten zu erfassen, sollte der Mond formatfüllend aufgenommen werden. Bei einer Spiegelreflexkamera mit einer Sensorgröße von rund 15 × 22 Millimeter (1,6-fach „Crop") sind für den Vollmond etwa 1400 mm, für den Halbmond 2200 mm Brennweite optimal. Für eine Kamera mit Vollformatchip (24 × 36 mm) benötigen Sie etwa 3500 mm Brennweite für den Halbmond bzw. 2300 mm für den Vollmond. Je nach Fernrohrbrennweite ist also die Verwendung einer Barlow-Linse nötig, um diese Optimalwerte annähernd zu erreichen.

Fokussieren Sie so exakt wie möglich und kontrollieren Sie nach der Aufnahme das Histogramm. Der „Datenberg" des Histogramms sollte so weit rechts wie möglich stehen, ohne jedoch am rechten Rand anzuschlagen (s. auch S. 135).

Tipp Fertigen Sie am besten zahlreiche Aufnahmen an, denn die Bildschärfe kann aufgrund der Luftunruhe („Seeing") schwanken, und suchen Sie später die schärfste Einzelaufnahme heraus.

Daten zur Aufnahme unten	Kamera (Canon EOS); Optik	ISO; Blende; Belichtungszeit
Zunehmender Mond	5D Mark II; Astro-Physics 10" Maksutow-Cassegrain	400; 14,6; 1/30 Sek.

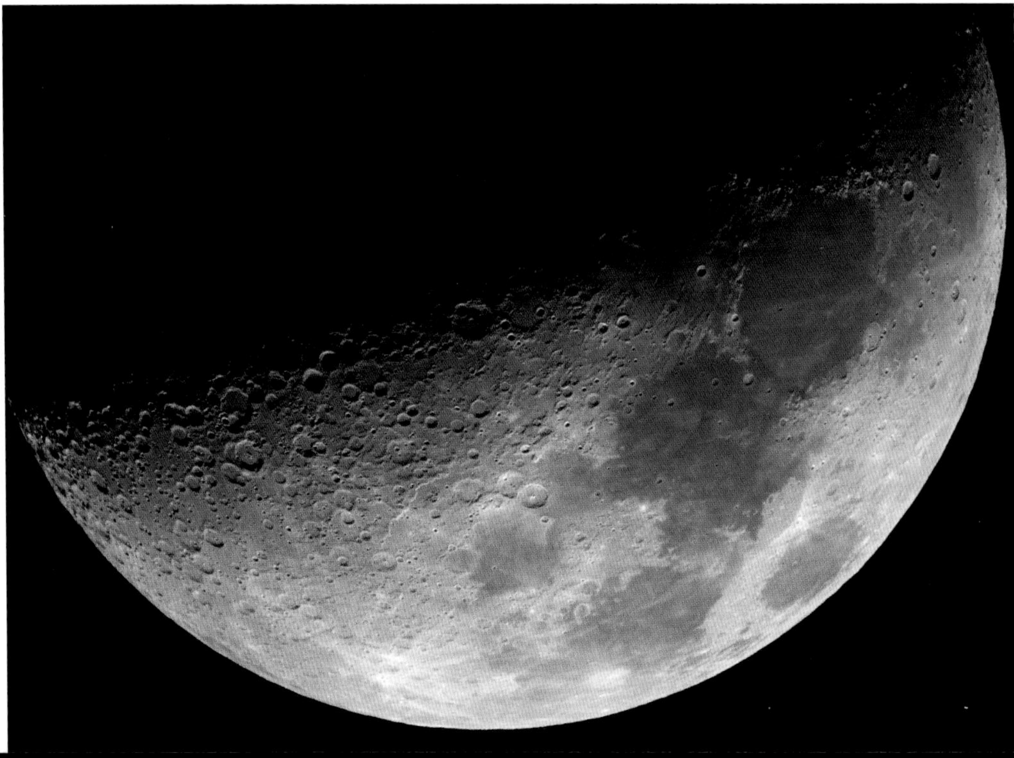

Details der Mondoberfläche

Obwohl gelungene Aufnahmen der ganzen Mondscheibe (s. Seite 80) bereits zahlreiche Oberflächendetails zeigen, ist der Gedanke verlockend, einige davon in hoher Vergrößerung abzubilden. Dabei müssen Sie in Kauf nehmen, dass nur noch ein Ausschnitt des Mondes auf das Foto passt. Zu realisieren ist die hohe Vergrößerung in der Praxis, indem die effektive Fernrohrbrennweite weiter verlängert wird, entweder durch eine Barlow-Linse mit hohem Verlängerungsfaktor oder einem „Fluorit Flatfield Converter" der Firma Baader-Planetarium (s. Seite 142), mit dem hohe und variable Brennweitenverlängerungen machbar sind. Je höher Sie vergrößern, desto dunkler wird das Bild, was zu längeren Belichtungszeiten führt. Um Unschärfen durch die Luftunruhe zu entgehen, müssen Sie notfalls den ISO-Wert auf bis zu 800 steigern. Besser sind freilich niedrigere Werte, die aber nur in Nächten mit sehr ruhiger Luft lohnend sind.

Tipp Eine Brennweitenverlängerung ist sinnvoll bis zu einem minimalen Öffnungsverhältnis von etwa 1:30. Für 200 mm Öffnung (8 Zoll) entspricht das einer Effektivbrennweite von 6000 mm. Darüber hinaus begrenzt das Auflösungsvermögen der Optik die Wiedergabe weiterer Details.

Daten zur Aufnahme unten	Kamera (Canon EOS); Optik	ISO; Blende; Belichtungszeit
Mondkrater, u. a. Plato (rechts im Bild) und Archimedes (Mitte)	20D; Astro-Physics 10" Maksutow-Cassegrain plus Barlow-Linse	400; 24,0; 1/15 Sek.

Mondfinsternisse

Während der partiellen Phase einer Mondfinsternis gelten im Prinzip die gleichen Bedingungen wie bei Aufnahmen des Mondes in seinen unterschiedlichen Phasen (s. Seite 80). Bei Eintritt der Totalität müssen Sie den stark abgedunkelten Vollmond jedoch wesentlich länger belichten.

Wie dunkel der total verfinsterte Mond ist, hängt u.a. von den Bedingungen der Erdatmosphäre ab und lässt sich nicht vorhersagen. Rechnen Sie aber mit Belichtungszeiten im Bereich mehrerer Sekunden, je nach Öffnungsverhältnis und eingestelltem ISO-Wert sogar mit bis zu 10 oder 20 Sekunden! Die Nachführung der Montierung sollte dabei mit Mondgeschwindigkeit laufen, wenn das einstellbar ist, um die maximale Schärfe zu erreichen. Kontrollieren Sie unbedingt nach jeder Aufnahme das Histogramm (s. Seite 135ff) und schauen Sie sich die einzelnen Farbkanäle separat an. Ist der Rotkanal übersteuert, reduzieren Sie die Belichtungszeit.

Tipp Riskieren Sie auch einmal eine längere Belichtungszeit schon vor der Totalität, wenn bereits große Teile des Mondes im Kernschatten liegen. Die hellen Bereiche werden dann zwar überbelichtet, aber die Rotfärbung im Bereich des Kernschattens können Sie so schon sichtbar machen.

Daten zur Aufnahme unten	Kamera (Canon EOS); Optik	ISO; Blende; Belichtungszeit
Totale Mondfinsternis nach Ende der Totalität (mit modifizierter DSLR)	400D; Astro-Physics Traveler 105 mm f/6 Apochromat plus 2-fach-Barlow-Linse	400; 12,0; 6 × 6 Sek.

Stern- und Planetenbedeckungen durch den Mond

Hin und wieder bedeckt der Mond einen helleren Stern oder sogar einen Planeten. Ein Stern verschwindet schlagartig und taucht ebenso plötzlich wieder auf, so dass dieser Vorgang nur mit zwei Fotos darstellbar ist, eines vor und ein anderes nach der Bedeckung. Planeten hingegen erscheinen als kleine Scheibchen, daher dauert es einige Sekunden, bis sich der Mondrand über sie schiebt. Dann lohnen mehrere Fotos, die den gesamten Vorgang zeigen. Am besten nehmen Sie in einem festen Intervall Bilder auf, dann können Sie später eine Animation (s. Internetseite www.astromeeting.de/himmelsfotografie.htm) daraus erstellen. Wenn Sie die Serienbildfunktion Ihrer Kamera verwenden, ändern Sie das Dateiformat ausnahmsweise von RAW auf JPG, damit die Kamera nicht just im Moment der Bedeckung pausieren muss, um die großen Datenmengen auf die Speicherkarte zu schreiben.

Schwieriger ist es, das Ende einer Bedeckung zu erwischen, dazu muss nämlich exakt bekannt sein, wann und wo der Planet wieder auftaucht.

Tipp Ein astronomisches Jahrbuch wie das *Kosmos Himmelsjahr* enthält Informationen über Stern- und Planetenbedeckungen.

Daten zur Aufnahme unten	Kamera (Canon EOS); Optik	ISO; Blende; Belichtungszeit
Marsbedeckung durch den Mond (Austritt, Tageslichtaufnahme)	450D; 0,9 m Cassegrain	400; 10,0; 1/125 Sek.

Venus

Eine Spiegelreflexkamera ist nicht sonderlich gut für die Planetenfotografie geeignet. Das Abbild des Planeten ist gemessen an der gesamten Bildfläche winzig klein, das riesige schwarze Umfeld verursacht unnötige Datenmengen. Hier spielen Web- und Videokameras ihre Stärken aus, sie haben nur einen winzigen Sensor und können viele Bilder pro Sekunde über einen längeren Zeitraum aufnehmen. Doch dies muss Sie nicht daran hindern, es einmal zu versuchen. Besonders in Nächten, in denen die Luft sehr ruhig ist, kann schon ein einziges, scharfes Einzelbild eines Planeten ein sehenswertes Resultat ergeben. Um das Bildrauschen gering zu halten, sollten Sie eine Unterbelichtung vermeiden und mit einem niedrigen ISO-Wert arbeiten. Die Belichtung lässt sich kaum auf dem Kameradisplay kontrollieren, dazu ist der Flächenanteil des Planeten, gemessen am Gesamtbild, zu gering. Am besten ist die zeitnahe Kontrolle der Fotos auf einem Laptop.

Tipp Venus kann, nahe ihrer unteren Konjunktion, etwa eine Bogenminute scheinbaren Durchmesser haben. Dann ist sie als schmale Sichel auch am Taghimmel in der Nähe der Sonne gut zu fotografieren. **Stellen Sie aber sicher, dass Sie das Teleskop nicht auf die Sonne schwenken!**

Daten zur Aufnahme unten	Kamera (Canon EOS); Optik	ISO; Blende; Belichtungszeit
Venus am Tag ihrer unteren Konjunktion (Durchgang zwischen Beobachter und Sonne)	1Ds Mark II; Astro-Physics 155 mm, mit Barlow-Linse bei f/19	100; 19,0; 9 × 1/1500 Sek.

Mars

Mars stellt höhere Anforderungen an Astrofotografen als die Venus, weil zum einen sein scheinbarer Durchmesser relativ klein ist und zum anderen die Darstellung von Oberflächendetails auf dem Foto wünschenswert ist. Nur in besonders günstigen Sichtbarkeitsperioden beträgt der scheinbare Marsdurchmesser mehr als 15 Bogensekunden. Das wird erst im Jahr 2014 wieder der Fall sein. Während der Marsopposition 2018 erreicht er dann mit 24" fast seinen maximalen Wert. Das entspricht allerdings nur der Größe einer 1-Euro-Münze in einer Entfernung von etwa 200 Metern!

Um ein so kleines Objekt zu fotografieren, benötigt man die längste Brennweite, die möglich und sinnvoll ist. Multiplizieren Sie die Öffnung Ihres Teleskops in Millimeter mit 30, dann erhalten Sie die maximal sinnvolle Brennweite. Alles darüber hinaus ist eine „leere" Vergrößerung ohne Zugewinn an Details. Das Öffnungsverhältnis beträgt dann 1:30, aber auch mit 1:20 können Sie einen Versuch wagen.

Tipp Reizvoll ist der Versuch, auch die Marsmonde Phobos und Deimos fotografisch zu erwischen. Dazu müssen Sie eine längere Belichtungszeit einstellen, auch wenn das Marsscheibchen dann stark überbelichtet wird.

Daten zur Aufnahme unten	Kamera (Canon EOS); Optik	ISO; Blende; Belichtungszeit
Mars	1Ds Mark II; Astro-Physics 10″ Maksutow-Cassegrain plus Barlow-Linse	400; 30,0; 14 × 1/60 Sek.

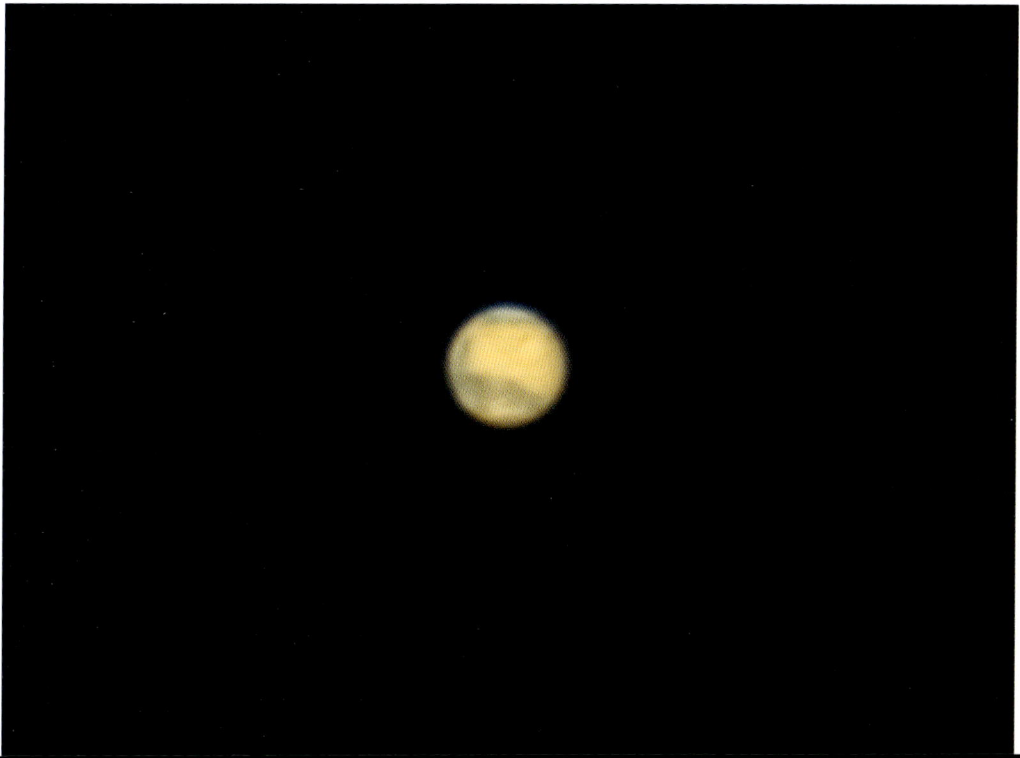

Jupiter und Saturn

Jupiter kann immerhin 50" scheinbaren Durchmesser erreichen und ist hell genug, so dass Sie mit langen Effektivbrennweiten Ihr Glück versuchen können. Die besten Erfolgsaussichten haben Sie in Nächten mit ruhiger Luft. Dann ist es möglich, die Wolkenbänder und vielleicht sogar Jupiters „Großen Roten Fleck" zu fotografieren. Mehrere scharfe Aufnahmen können Sie in Photoshop übereinanderlegen, um das Bildrauschen zu vermindern (s. Internetseite www.astromeeting.de/himmelsfoto grafie.htm). Lassen Sie sich aber bei den Einzelaufnahmen nicht mehr als zwei bis drei Minuten Zeit, sonst macht Ihnen die schnelle Rotation von Jupiter einen Strich durch die Rechnung.

Daten zur Aufnahme unten	Kamera (Canon EOS); Optik	ISO; Blende; Belichtungszeit
Jupiter und einige seiner Monde (Monde und Planet unterschiedlich belichtet)	450D; Ph. Keller Hypergraph 340 mm f/9 + Barlow-Linse	400; 25,0; 6 × 1/8 Sek. und 5 × 1/30 Sek.

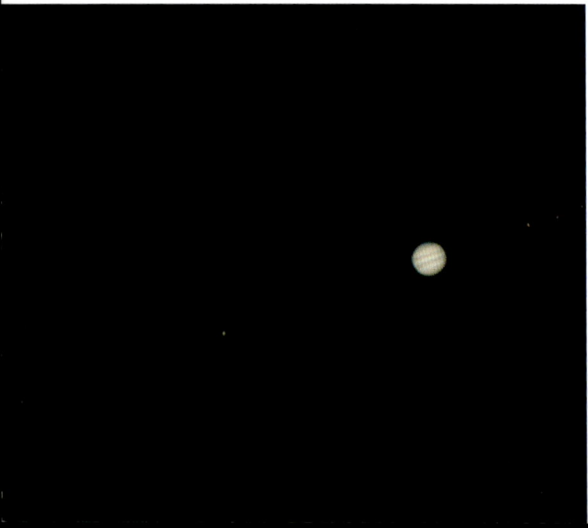

Tipp Schon ab 100 Millimeter Brennweite können Sie mit einer aufgesattelten DSLR die Wanderung der Jupitermonde um den Planeten von Nacht zu Nacht verfolgen.

Saturn ist im Vergleich zu den anderen Planeten ziemlich lichtschwach, so dass Sie relativ lang belichten müssen, um ihn mit seinem prächtigen Ringsystem aufs Foto zu bekommen. Mitteln Sie wiederum einige Aufnahmen, um das Bildrauschen zu bekämpfen. Das Summenbild lässt sich dann in Photoshop mit dem Befehl „Filter/Scharfzeichnungsfilter/Unscharf maskieren…" nachschärfen.

Tipp Mit längeren Belichtungszeiten bis zu 10 Sekunden lassen sich die helleren Saturnmonde ablichten.

Daten zur Aufnahme unten	Kamera (Canon EOS); Optik	ISO; Blende; Belichtungszeit
Saturn	40D; Astro-Physics 10″ Maksutow-Cassegrain plus Barlow-Linse	800; 32,0; 30 × 1/10 Sek.

Doppelsterne

Viele Sterne, die für das bloße Auge als einzelner Stern erscheinen, entpuppen sich beim Blick durch ein Teleskop als Doppelstern. Je enger der Abstand der Komponenten ist, desto größer muss die Öffnung des Teleskops sein, um sie getrennt erkennen zu können. Wenn Sie die Zahl 130 durch die Öffnung Ihres Teleskops in Millimeter teilen, erhalten Sie den engsten Abstand in Bogensekunden, den zwei gleich helle Sterne haben dürfen, damit Sie ihn als Doppelstern durchs Teleskop noch erkennen können. Welche Sterne Doppelsterne sind und welchen Abstand die Komponenten haben, können Sie zum Beispiel dem Buch *Atlas für Himmelsbeobachter* entnehmen (s. Seite 142).

Die Fotografie von Doppelsternen ist nicht schwierig. Bei engen Doppelsternen muss eventuell die Brennweite durch den Einsatz einer Barlow-Linse verlängert werden. Ansonsten sollten Sie nur darauf achten, nicht zu lange zu belichten, damit die Sterne nicht überbelichtet werden, denn dadurch geht ihre Eigenfarbe verloren.

Tipp Besonders eindrucksvoll sind Doppelsterne, deren Komponenten einen Farbkontrast zeigen. Paradeobjekte sind die Sterne Albireo im Schwan (β Cygni) und Alamak im Sternbild Andromeda (γ Andromedae).

Daten zur Aufnahme unten	Kamera (Canon EOS); Optik	ISO; Blende; Belichtungszeit
Doppelstern Albireo im Sternbild Schwan	450D; Zeiss-APQ-Refraktor 150	800; 8,0;11 × 60 Sek.

Lange Belichtungen durch das Fernrohr

Fotografieren mit Nachführkontrolle

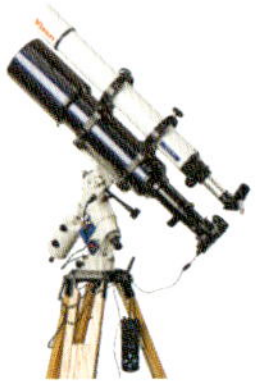

Die höchsten Weihen der Astrofotografie sind Aufnahmen mit langen Belichtungszeiten durch ein Teleskop. Damit liegen unzählige Galaxien, Gasnebel und Sternhaufen in Ihrer Reichweite, und der Tisch an Motiven ist über Jahre hinweg gedeckt.

Damit Sie lichtschwache Objekte mit geringer scheinbarer Größe abbilden können, sind die technischen Voraussetzungen weitgehend geschaffen, wenn Sie das Kapitel *Das Fernrohr als Teleobjektiv* bereits hinter sich haben, denn die Spiegelreflexkamera wird auch hier im Primärfokus des Teleskops betrieben. Ebenso finden Brennweitenreduzierer und Barlow-Linsen Verwendung, wenn die effektive Brennweite der Größe des Motivs angepasst werden muss. Selbst alle im vorherigen Kapitel getroffenen Aussagen bezüglich der Fokussierung und der möglichst stabilen Ausführung aller beteiligten Komponenten treffen hier zu, Letzteres sogar in verstärktem Maße. Immerhin geht es jetzt darum, das Gespann aus Teleskop und Kamera nicht nur einige Sekunden, sondern viele Minuten lang so exakt der Himmelsdrehung nach-

Mit langen Belichtungszeiten werden bei vielen Deep-Sky-Objekten Farben und Strukturen erkennbar, die dem Beobachter verborgen bleiben, wie die Nebel um die Plejadensterne.

zuführen, dass die Sterne punktförmig bleiben und ein scharfes Bild entsteht. Die neue Anforderung lautet deshalb, der motorischen Nachführung nicht blindlings zu vertrauen, sondern den Lauf während der Belichtung zu überwachen, um gegebenenfalls korrigierend einzugreifen. Dieser Prozess wird als Nachführkontrolle oder auch „Guiding" bezeichnet. Es gibt verschiedene Wege, eine Nachführkontrolle durchzuführen, die ab Seite 94 ausführlich besprochen werden.

Wichtige Kriterien für Langzeitbelichtungen

Bevor es so weit ist, sollten Sie zunächst die Voraussetzungen dafür schaffen, das nicht ganz unproblematische Guiding so erfolgreich wie möglich zu gestalten.

Stabilität Alle Komponenten wie Stativ oder Säule, Montierung, Befestigung des Fernrohrs auf der Montierung, Befestigung der Kamera am Okularauszug und Klemmung des Okularauszugs sollten so stabil wie möglich sein. Im Zweifelsfall ist ein windstiller Ort für den Aufbau der Ausrüstung auszuwählen, denn bereits eine Windböe kann Erschütterungen verursachen, die ein Bild ruinieren. Jede Nachführkontrolle ist dagegen machtlos.

Ein häufiger Schwachpunkt ist eine zu kleine Montierung mit zu geringer Tragkraft. Viele Teleskope werden nämlich im Set zusammen mit einer Montierung angeboten, die zwar den Anforderungen für visuelle Beobachtungen gewachsen sein mag, für astrofotografische Zwecke aber unterdimensioniert ist. Eine solide Montierung für langzeitbelichtete Fokalaufnahmen hat ihren Preis und wird auch einige Kilogramm auf die Waage bringen. Aber sie ist die Eintrittskarte für gelungene Aufnahmen von Deep-Sky-Objekten.

TIPP: Verbesserung der Stabilität

Wenn Sie der Meinung sind, dass Ihre Montierung nicht ausreichend stabil ist, können Sie entweder den Kauf einer größeren Montierung oder eines kleineren, leichteren Fernrohrs mit kürzerer Brennweite ins Auge fassen. Wenn zum Beispiel Ihr aktuelles Fernrohr eine Brennweite von 1500 mm hat, käme vielleicht ein ED- oder apochromatisch korrigierter Refraktor mit 500 bis 800 mm Brennweite in Frage.

Präzision Eine „schwere" Montierung alleine ist noch kein Garant dafür, dass sie stabil ist und die Nachführung mit ausreichender Präzision erfolgt. Nur die richtige Wahl der verwendeten Materialien, Lager und Antriebselemente ergeben eine fototaugliche Montierung. Völlig normal, und durch die Nachführkontrolle leicht zu korrigieren, ist der periodische Schneckenfehler, der ein temporäres Vorauseilen und Nachhinken des Antriebs nach sich zieht, deren Mittelwert aber die Sollposition ergibt.

Wichtig ist nur, dass diese Pendelbewegungen langsam stattfinden, nur dann haben Sie mit einer Nachführkontrolle die Chance auf ein scharfes Foto. Zeigt der Lauf der Montierung hingegen sprunghafte Abweichungen, deutet das auf eine weniger präzise Ausführung des Antriebs hin. Mit einem solchen Manko ist der Grundstein für Misserfolg und Frustration gelegt, es sei denn, das Antriebsverhalten lässt sich durch eine Justage des Schneckenspiels, also des Anpressdrucks der Antriebsschnecke gegen den Zahnkranz, verbessern (vgl. auch Kasten *Gleichmäßigkeit des Antriebs*). Eine derartige Justage erfordert technisches Verständnis, das passende Werkzeug und etwas Erfahrung.

Mit der Aufnahmebrennweite, dem Gewicht und der Länge des Teleskoptubus‘ steigen die Anforderungen an die Tragkraft und die Präzision der Montierung. Für Brennweiten länger als 1500 Millimeter haben sich Montierungen der Hersteller Astro-Physics, 10Micron, Losmandy (G11), Vixen (New Atlux, GAJAX) und Gemini bewährt, wenn es eine transportable Montierung sein muss. Als Ausstattung für eine stationäre Sternwarte kommen zusätzlich Produkte von Eckard Alt und die Paramount ME von Software Bisque in Frage. Die Mittelklasse wird vertreten durch Montierungen wie die Vixen GP D2, Celestron CGE und Losmandy G8, um nur drei Beispiele zu nennen. Am unteren Ende fototauglicher Montierungen würde ich sehen: Vixen GP, Skywatcher EQ-6 und H-EQ 5, Celestron AS-GT und Meade LXD75AT. Diese Aufzählung ist ausdrücklich subjektiv und erhebt keinen Anspruch auf Vollständigkeit.

Balance Nur wenn das Teleskop samt Kamera auf der Montierung ausbalanciert ist, können beste Resultate bei der Nachführung erwartet werden. Das Ausbalancieren muss für beide Achsen separat vorgenommen werden. Befestigen Sie zunächst die Kamera am Teleskop und stellen Sie die Schärfe grob ein. Um die Stundenachse ins Gleichgewicht zu bringen, richten Sie das Teleskop auf den Horizont in Richtung Süden. Bei einer Montierung „deutscher Bauart“ muss nun das Gegengewicht auf seiner Achse so lange verschoben werden, bis ein Gleichgewicht herrscht, d. h. bis die Montierung auch bei gelösten Klemmen der Stundenachse in ihrer Stellung bleibt. Bei der Deklinationsachse ist dieser Zustand ebenfalls anzustreben, indem Sie das Teleskop auf seiner Halterungsschiene oder innerhalb der Rohrschellen entlang der optischen Achse nach vorne oder nach hinten schieben. Achten Sie darauf, die Halteschrauben nicht zu weit zu lösen, damit

Verschiedene astronomische Montierungen, v.l.n.r: Celestron AS-GT mit GoTo-Steuerung (ca. 700 €), Vixen GP D2 (ca. 800 €), Astro-Physics 1200 GTO (ca. 13 000 €, stationär).

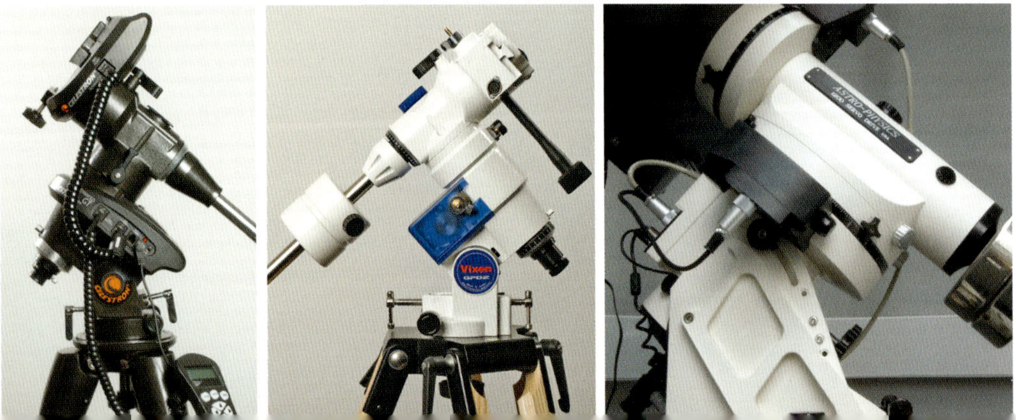

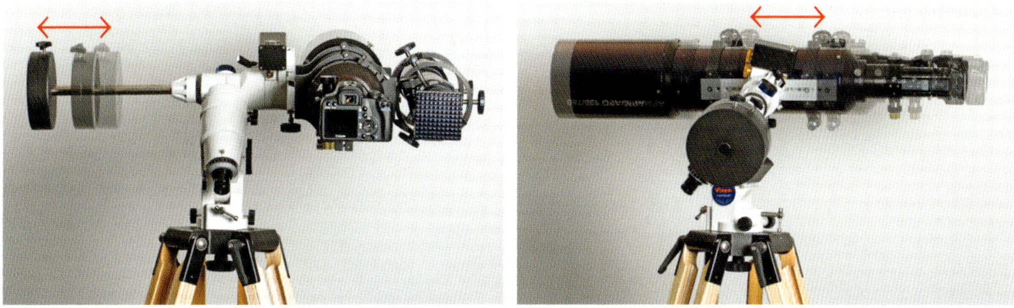

Durch Verschieben der Gegengewichte wird die Balance der Stundenachse hergestellt (links). Verschieben des Fernohrtubus stellt ein Gleichgewicht der Deklinationsachse her (rechts).

das Teleskop nicht herunterfallen kann! Der Idealzustand ist erreicht, wenn Sie das Fernrohr auf jeden Punkt des Himmels richten können und es beim Loslassen stehen bleibt, auch wenn die Klemmschrauben der Achsen nicht angezogen sind. Die Motoren haben dann während einer Belichtung nur minimale Arbeit zu leisten.

Tau In Nächten mit hoher Luftfeuchtigkeit kann es passieren, dass das Objektiv oder der Spiegel beschlägt. Oft wird dieser Zustand sehr spät bemerkt, manchmal erst bei der Bildbearbeitung, wenn alle hellen Sterne einen Hof zeigen. Wischen Sie den Tau nicht weg, sondern lassen Sie ihn trocknen, wobei Sie mit einem Fön nachhelfen können. Aber Vorsicht: Richten Sie den heißen Luftaustritt nie direkt auf eine Linse oder einen Spiegel, sondern blasen Sie immer in respektvollem Abstand vorbei, auch wenn die Trocknung dann etwas länger dauert.
Mit einer „Taukappe“ wird nur der Zeitpunkt des Beschlagens etwas hinausgezögert, durch ein leichtes Beheizen der Taukappe kann er jedoch nachhaltig verhindert werden. Taukappenheizungen, die mit 12 Volt arbeiten, gibt es von dem Hersteller Kendrick, die Alternative ist ein Selbstbau.

TIPP: Gleichmäßigkeit des Antriebs

▶ Eine winzige „Unwucht“ bei der Stundenachse kann hilfreich sein, um sicherzustellen, dass die Antriebsschnecke immer „satt“ am Zahnkranz anliegt. Daher ist eine kleine Verschiebung des Gegengewichtes aus seiner Gleichgewichtsposition heraus in eine beliebige Richtung durchaus ratsam.

Durch eine Heizmanschette unterbleibt die Taubildung auf der Frontlinse.

Fokusdrift Durch den Temperaturabfall in einer Nacht kann es vorkommen, dass sich der Fokuspunkt minimal verschiebt. Ob und in welchem Ausmaß das passiert, hängt vom Temperaturgefälle und von der Bauweise Ihres Teleskops ab. Kontrollieren Sie daher bei längeren Aufnahmeserien regelmäßig, ob der beste Fokus noch eingestellt ist (vgl. Seite 71ff und www.astro meeting.de/himmelsfotografie.htm).

Einnorden Wie präzise das Nachführen während einer Langzeitbelichtung gelingt, ist unter anderem stark abhängig davon, wie genau die Stundenachse der Montierung auf den Himmelspol ausgerichtet ist. In der Nähe des Himmelsnordpols steht der Polarstern, der einen guten Anhaltspunkt abgibt. Allerdings steht er nicht exakt auf dem Himmelspol, sondern derzeit rund anderthalb Vollmonddurchmesser von diesem entfernt.

Für eine exakte Aufstellung der Montierung, die als „Einnordung“ bezeichnet wird, reicht eine Ausrichtung auf den Polarstern jetzt nicht mehr aus, und es bedarf einer größeren Sorgfalt. Je länger belichtet werden soll, desto exakter muss die Einnordung erfolgen, um eine Drehung des Bildfeldes zu vermeiden. Der Prozess des Einnordens ist auf Seite 114ff beschrieben.

Manuelles Guiding bedeutet, im Fadenkreuzokular die Nachführung zu kontrollieren und ggf. mit der Handsteuerbox zu korrigieren.

Die Nachführkontrolle (Guiding)

Mechanische Unzulänglichkeiten und/oder Fertigungstoleranzen sorgen bei praktisch jeder Montierung für Abweichungen von der bestmöglichen Nachführung, und seien sie auch noch so klein.

Wann guiden? Während es bei einer gut eingenordeten, präzise laufenden Montierung, kurzen Brennweiten und relativ kurzen Belichtungszeiten ausreichend sein kann, den Nachführmotor während der Belichtung einfach laufen zu lassen, muss in anderen Fällen davon ausgegangen werden, dass eine Kontrolle und gegebenenfalls Korrekturen der Nachführung stattfinden müssen. Spätestens bei Brennweiten ab 500 Millimeter und Belichtungszeiten im Bereich mehrerer Minuten ist dieser Punkt erreicht. Dann werden die Sterne ohne Nachführkontrolle leicht strichförmig und das Guiding zur Pflicht.

Manuell guiden Im einfachsten Fall können Sie die Nachführkontrolle selbst übernehmen und notwendige Korrekturen manuell vornehmen. Weil das Fernrohr durch die angeschlossene DSLR „belegt" ist, muss ein zweites Teleskop, ein sogenanntes Leitrohr, verwendet werden. Dieses wird parallel zum Hauptfernrohr installiert und sollte möglichst stabil mit diesem verbunden sein. Wenn es in Leitrohrschellen montiert ist, kann es durch Handschrauben gegenüber dem Hauptfernrohr innerhalb gewisser Grenzen bewegt werden, was die Suche nach einem Leitstern vereinfacht. Bei visueller Nachführkontrolle sollte die Brennweite des Leitrohrs zumindest die des Hauptrohrs erreichen, wobei die Verwendung einer Barlow-Linse helfen kann. Wie die manuelle Nachführkontrolle funktioniert, lesen Sie im Kasten *So funktioniert das manuelle Guiding* unten. Trainieren Sie das Guiding unbedingt vor Beginn einer Belichtung! Mit etwas Erfahrung werden Sie ein Gefühl dafür bekommen, wie oft bei Ihrer Montierung überhaupt Korrekturen notwendig sind. Auf den Seiten 119ff werden Methoden des automatischen Guidings beschrieben.

So funktioniert das manuelle Guiding

1. Das Fernrohr samt Kamera auf das aufzunehmende Motiv ausrichten.
2. Im Leitfernrohr nach einem ausreichend hellen Stern suchen. Notfalls muss das Leitrohr in seinen Leitrohrschellen oder gar die gesamte Montierung etwas bewegt werden, bis ein heller Stern gefunden ist.
3. In den Okularauszug des Leitfernrohrs ein Okular mit Fadenkreuz einsetzen, am besten eines, bei dem sich das Fadenkreuz zur besseren Sichtbarkeit bei Nacht beleuchten lässt.
4. Den hellen Stern in die Mitte des Fadenkreuzes bewegen (Handsteuerbox der Montierung).
5. Das Okular so lange um seine Achse drehen, bis die Bewegungsrichtungen des Sterns beim Antrieb der beiden Montierungsachsen exakt auf dem Fadenkreuz entlang verlaufen.
6. An der Handsteuerbox der Montierung eine langsame Korrekturgeschwindigkeit einstellen (empfehlenswert ist die einfache Sterngeschwindigkeit).
7. Den Stern noch einmal sorgfältig in die Mitte des Fadenkreuzes bewegen und danach die Belichtung starten.
8. Während der Belichtung den Stern beobachten. Falls dieser von der Mitte des Fadenkreuzes abdriftet, mit den Tasten der Handsteuerbox entgegenwirken und den Stern wieder zentrieren. Dabei muss jegliche Erschütterung vermieden werden, am besten sogar der direkte Kontakt der Augen mit dem Okular.

Motive für lange Belichtungen durchs Teleskop

Mit langen Belichtungen durch ein Teleskop offenbart sich die ganze Schönheit des Sternenhimmels. Nun können Sie auf die Jagd gehen nach glitzernden Sternhaufen, leuchtenden Gasnebeln oder schönen Spiralgalaxien.

Kometen

Über Kometen wurde schon auf Seite 57 berichtet. Um einen langen Kometenschweif abzulichten, ist eher ein Fotoobjektiv als ein Fernrohr geeignet. Ein Foto durch das Fernrohr kann allerdings Strukturen des Kometenkerns sichtbar machen, aus dem mit etwas Glück Gasfontänen austreten. Meist jedoch werden Sie sich mit lichtschwächeren Kometen zufrieden geben müssen. Fotografisch sind manche davon durchaus lohnende Motive, besonders dann, wenn ein kurzer Schweif nachgewiesen werden kann.

Bei längeren Belichtungszeiten ist auf die Eigenbewegung des Kometen relativ zu den Sternen zu achten. Planetariumsprogramme wie *Guide* oder *TheSky* geben diese Eigenbewegung an, wobei Sie die Kometendatenbanken der Programme durch Updates aus dem Internet immer aktuell halten müssen.

Tipp Falls Sie auf die Sterne nachführen, hat eine rasche Eigenbewegung des Kometen zur Folge, dass dieser unscharf abgebildet wird. Machen Sie dann mehrere, kürzer belichtete Aufnahmen und legen diese so übereinander, dass der Kopf des Kometen deckungsgleich ist. Dann bleibt der Komet scharf, die Sterne werden zu kurzen Strichen.

Daten zur Aufnahme unten	Kamera (Canon EOS); Optik	ISO; Blende; Belichtungszeit
Komet 17/P Holmes	5D; 0,9 m Cassegrain mit Shapley-Linse	400; 6,7; 6 × 15 Sek.

Offene Sternhaufen I

Offene Sternhaufen sind schon auf Seite 60 angesprochen worden. Mit langen Teleskopbrennweiten können nicht nur die Paradeobjekte eindrucksvoll in Szene gesetzt werden, sondern auch eine ganze Reihe kleinerer und lichtschwächerer Haufen. Auch hier bleibt der Hinweis gültig, dass Sie immer darauf achten sollten, genügend Umfeld zu zeigen, damit die Sternkonzentration im Haufen erkennbar bleibt (vgl. S. 110ff).

Eine gute Planung ist ratsam, um die passende Brennweite für einen offenen Sternhaufen zu finden. Für eine DSLR mit einem etwa 15 x 22 Millimeter großen Aufnahmesensor (1,6-fach „Crop“) reichen schon 700 Millimeter Brennweite, um in Winternächten schöne Fotos der Sternhaufen M 36, 37 und 38 im Sternbild Fuhrmann zu schießen. In Sommernächten gehören sicher M 11 im Sternbild Schild, M 39 im Schwan, der Doppelsternhaufen h und χ im Perseus und M 103 in der Kassiopeia zur engeren Wahl. Bei Letzterem kann allerdings eine etwas längere Brennweite nicht schaden.

Tipp Durch ein Teleskop mit Nachführkontrolle sind auch zahlreiche weniger bekannte, aber ebenso eindrucksvolle Sternhaufen lohnende Objekte. Als Beispiel sei NGC 7789 im Sternbild Kassiopeia angeführt.

Daten zur Aufnahme unten	**Kamera (Canon EOS); Optik**	**ISO; Blende; Belichtungszeit**
Offener Sternhaufen M35 in den Zwillingen	40D; Astro-Physics Traveler 105 mm f/6 Apochromat	800; 6,0; 24 × 30 Sek.

Offene Sternhaufen II

Dass Fotos von Deep-Sky-Objekten in hellen Mondnächten nicht machbar seien, ist eine mittlerweile überholte Feststellung. Besonders offene Sternhaufen trotzen bei Verwendung einer Digitalkamera dem Mondlicht sehr gut. Natürlich wird der aufgehellte Himmelshintergrund auf den Rohbildern zu sehen sein, aber durch den Beschnitt der jeweiligen Histogramme für den Rot-, Grün- und Blaukanal können Sie bei der Bildbearbeitung dafür sorgen, dass der Himmel wieder dunkel wird, ohne dass Sterne verloren gehen. Folgen Sie dazu der Anleitung auf den Seiten 135ff.

Wenn Sie einmal eine „Spezialität" suchen, werden Sie mit M 46 im Großen Hund fündig. In diesem Sternhaufen ist nämlich der Planetarische Nebel NGC 2438 enthalten, dessen Durchmesser aber nur etwas mehr als eine Bogenminute beträgt. Daher sollte die gewählte Brennweite nicht zu kurz sein.

Tipp Wenn die hellsten Sterne in einem Haufen überbelichtet werden und ihre Eigenfarbe dadurch verlieren, können Sie Drähte kreuzförmig vor die Öffnung Ihres Teleskops spannen, falls Sie nicht ohnehin ein Spiegelteleskop mit Fangspiegelhalterung benutzen. Dann bekommen die Sterne „Strahlen" in der jeweiligen Sternfarbe.

Daten zur Aufnahme unten	Kamera (Canon EOS); Optik	ISO; Blende; Belichtungszeit
Doppelsternhaufen h+χ im Perseus	40D; Astro-Physics Traveler 105 mm f/6 Apochromat	800; 6,0; 20 × 180 Sek.

Kugelsternhaufen

Bei Kugelsternhaufen ist es nicht erforderlich, ein weites Umfeld zu zeigen, um den Haufencharakter zu demonstrieren. Aber auch die Abbildung eines Kugelhaufens inmitten eines sternreichen Umfeldes hat seinen Reiz, so dass Sie bei der Wahl der Aufnahmebrennweite flexibel sind. Vorhandenes Mondlicht stört nicht weiter.
Die Vorzeigeobjekte können schon durch ein kleines Teleskop mit einer Öffnung von 100 Millimeter bis ins Zentrum in Einzelsterne aufgelöst werden, bei dichteren Kugelhaufen muss die Teleskopöffnung entsprechend größer sein. Wichtig ist, dass das Zentrum nicht überbelichtet wird, das Histogramm ist diesbezüglich genau zu prüfen (vgl. S. 135ff).
Die schönsten Kugelhaufen am Nordhimmel sind M 13 im Herkules, M 15 im Pegasus, M 3 in den Jagdhunden und M 4 im Skorpion. Eine Kamera mit einem Sensor von rund 15 x 22 Millimetern erfasst diese Haufen bei etwa 1500 Millimeter Brennweite formatfüllend. Eine Vollformatkamera mit 24 x 36 mm großem Sensor bildet das gleiche Feld mit 2400 mm Brennweite ab.

Tipp Als Herausforderung ist M 15 im Pegasus zu empfehlen: Innerhalb des Haufens befindet sich der rötliche Planetarische Nebel „PEASE 1".

Daten zur Aufnahme unten	Kamera (Canon EOS); Optik	ISO; Blende; Belichtungszeit
Kugelsternhaufen M13 im Herkules	450D; 0,9 m Cassegrain mit Shapley-Linse	400; 6,7; 10 × 60 Sek.

Emissionsnebel

Für Emissionsnebel sind ein dunkler Standort und eine klare, mondlose Nacht nützlich. Wie bereits auf Seite 61 erwähnt, ist für diese Objekte eine modifizierte DSLR, bei der das Infrarotsperrfilter vor dem Sensor entfernt wurde, sehr zu empfehlen (vgl. auch Seite 113f).
Die scheinbare Größe der unterschiedlichen Nebel schwankt in weiten Grenzen, so dass verschiedene Brennweiten zum Einsatz kommen, um sie formatfüllend zu fotografieren. Bei Beschränkung auf die relativ leuchtstarken Kernzonen lässt sich sagen, dass mit kurzen Brennweiten (300 – 500 mm bei 1,6-fach Crop-Kameras) die großen Nebel wie der Nordamerikanebel NGC 7000, der Große Orion-Nebel M 42, der Rosettennebel NGC 2237 und der Kaliforniennebel NGC 1499 aufgenommen werden können. Bei 1000 mm Brennweite und gleicher Kamera passen der Lagunennebel M8, der Pferdekopfnebel und der „Flammensternnebel" IC 405 gut auf den Sensor.

Tipp Noch kleineren Objekten wie dem Trifidnebel M 20, Schwanennebel M 17, Adlernebel M 16, „Bubble"-Nebel NGC 7635 oder Kokonnebel IC 5146 müssen Sie mit 2000 Millimeter Brennweite zuleibe rücken, wenn Sie sie nicht in einem größeren Umfeld zeigen möchten.

Daten zur Aufnahme unten	Kamera (Canon EOS); Optik	ISO; Blende; Belichtungszeit
Schwanennebel im Sternbild Schütze (mit modifizierter DSLR)	400D; Ph. Keller Hypergraph 340 mm f/9	800; 9,0; 16 × 180 Sek.

Reflexionsnebel

Im Gegensatz zu den in überwiegend roter Farbe leuchtenden Emissionsnebeln (s. Seite 100) werden die Reflexionsnebel von Sternen angestrahlt und nehmen dabei deren Eigenfarbe an. Das Lichtspektrum ist kontinuierlich, es handelt sich also nicht um ein Linienspektrum wie bei den Emissionsnebeln.

Auf die Fotografie hat das keine unmittelbare Auswirkung. Eine modifizierte DLSR, bei der das IR-Sperrfilter ausgebaut ist, wird nicht benötigt, weil keine Dominanz der kritischen H-Alpha-Linie vorhanden ist.

Etliche der Reflexionsnebel erscheinen blau, weil in der Nähe junge, heiße Sterne stehen. Das ist der Fall beim Irisnebel NGC 7023 im Kepheus, dem Plejaden-Nebel, der das ganze Siebengestirn einzuhüllen scheint und um den Stern Merope herum am hellsten ist, beim blauen Teil des Trifidnebels M 20, beim Hexenkopfnebel NGC 1909 und bei M 78 im Orion.

Tipp Einen orangefarbenen Reflexionsnebel finden Sie um Antares, den Hauptstern im Skorpion. Auf der Südhalbkugel der Erde können Sie in seiner Nähe außerdem rote Emissionsnebel, Dunkelnebel und blaue Reflexionsnebel um den Stern „rho“ im Schlangenträger beobachten.

Daten zur Aufnahme unten	Kamera (Canon EOS); Optik	ISO; Blende; Belichtungszeit
Irisnebel im Sternbild Kepheus	1Ds Mark III; Ph. Keller Hypergraph 340 mm f/9	1600; 9,0; 15 × 600 Sek.

Planetarische Nebel

Mit Planeten haben diese Objekte nichts zu tun, sondern es handelt sich um alternde Sterne, die ihre Gashülle ins Weltall abstoßen. Dieser Prozess erfolgt in Schüben, so dass zum Teil sehr bizarre Gebilde entstehen. Manche sehen scheibenförmig aus, wenn man sie im Teleskop betrachtet; sie erinnern daher an Planeten.

Nicht die Helligkeit ist bei der Fotografie problematisch, denn viele Planetarische Nebel sind erstaunlich hell, sondern eher der geringe scheinbare Durchmesser, der die Verwendung langer und längster Brennweiten ratsam erscheinen lässt. Eine rühmliche Ausnahme ist der Sonnenblumennebel NGC 7293 im Sternbild Wassermann, der bei 2000 mm Brennweite und einer 1,6-fachen Crop-Kamera gerade so ins Bildfeld passt. Andere berühmte Vertreter sind der Ringnebel M 57, der Hantelnebel M 27, der Eulennebel M 97 und der Katzenaugennebel NGC 6543. Hier darf die Brennweite durchaus auf 4000 mm verdoppelt werden. Eine modifizierte DSLR ist bei Objekten mit starkem Rotanteil im Vorteil.

Tipp Auch dann, wenn Ihre Ausrüstung derart lange Brennweiten nicht zulässt, sollten Sie Fotos machen, denn auch ein kleines Bild eines Planetarischen Nebels in einem Sternfeld ist ein ästhetischer Anblick.

Daten zur Aufnahme unten	Kamera (Canon EOS); Optik	ISO; Blende; Belichtungszeit
Ringnebel M 57 im Sternbild Leier (mit modifizierter DSLR)	400D; 0,9m Cassegrain mit Shapley-Linse	800; 6,7; 3 × 180 Sek.

Supernova-Überreste

Wenn ein Stern sein Leben mit einer gewaltigen Detonation beendet, wird das als Supernova bezeichnet. Mitunter sehr fotogen sind die Reste der Sternmassen, die als nebelartige Objekte im Universum verbleiben. Je nachdem, welcher Zeitraum seit der Explosion vergangen ist und in welcher Entfernung sich der Supernova-Überrest befindet, schwankt die scheinbare Ausdehnung am Himmel sehr.

Als Beispiel für einen weit ausgebreiteten Supernova-Überrest sei der Zirrusnebelkomplex im Sternbild Schwan erwähnt, der in seiner gesamten Ausdehnung mit einer Brennweite von 400 mm, bezogen auf eine Kamera mit 15 x 22 mm großem Sensor, fotografiert werden kann. Ein anderes Extrem ist der Krabbennebel im Sternbild Stier, das Überbleibsel einer Sternexplosion aus dem Jahr 1054, mit nur 5,5 Bogenminuten scheinbarem Durchmesser. Wenn Sie die filamentartige Struktur dieses Nebels zeigen möchten, sollte die Brennweite schon mindestens 2000 mm betragen.

Tipp Nicht selten besteht ein nennenswerter Anteil des abgestrahlten Lichts bei Supernova-Überresten aus der roten Linie des angeregten Wasserstoffs, dann sollten Sie eine DSLR verwenden, deren IR-Sperrfilter entfernt wurde (s. Seite 113f).

Daten zur Aufnahme unten	Kamera (Canon EOS); Optik	ISO; Blende; Belichtungszeit
Zirrusnebel im Schwan	20Da; Astro-Physics Traveler 105 mm f/6 Apochromat	800; 6,0; 10 × 600 Sek.

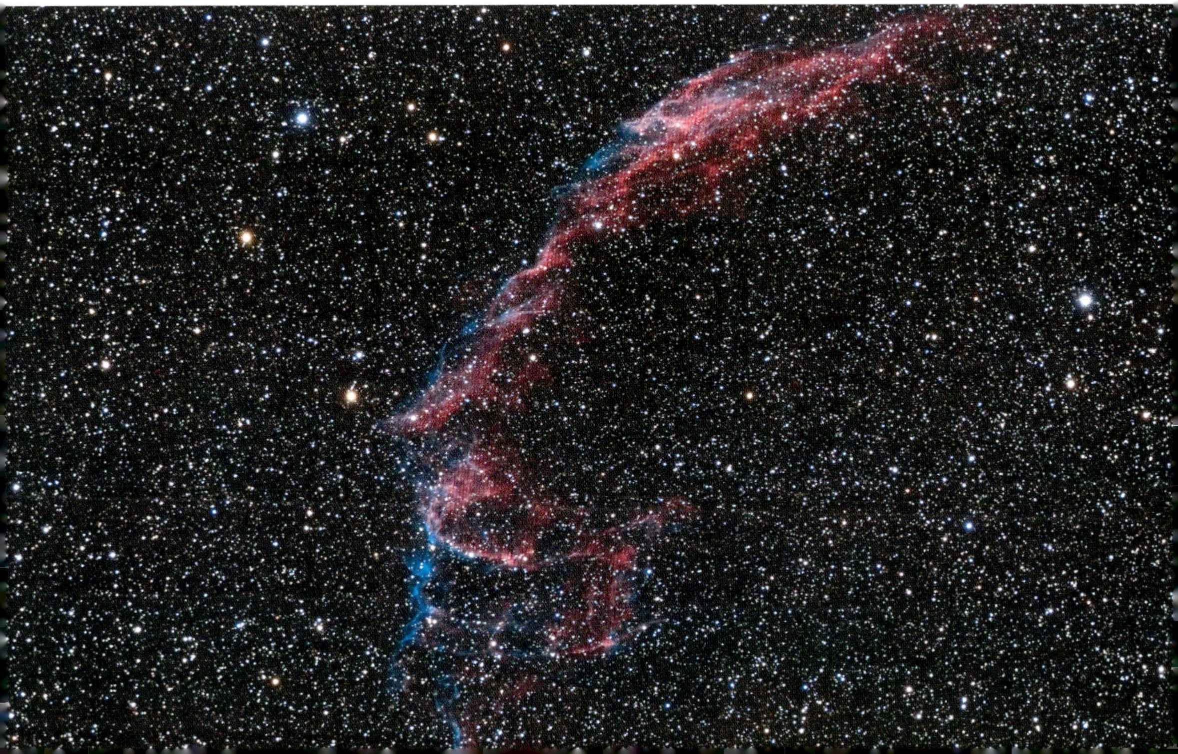

Dunkelnebel

Es klingt zunächst vermessen, etwas Dunkles am Nachthimmel fotografieren zu wollen. Gemeint sind Staubmassen in der Ebene unserer Milchstraße, die weder selbst leuchten, noch von Sternen angestrahlt werden. Dennoch lassen sie sich erkennen, wenn sie sich als Silhouette vor einem helleren Hintergrund abheben. Die größten davon können sogar mit dem bloßen Auge erkannt werden, wenn sie das Licht von hinter ihnen liegenden Sternen verschlucken. Sie fallen als dunkle Regionen innerhalb der Milchstraße auf. Andere befinden sich vor hellen Nebeln und können daher leicht erkannt werden, z. B. Teile des Trifidnebels M 20 oder des Lagunennebels M 8. Gute Motive sind die zahlreichen kleineren Dunkelnebelfetzen, die verstreut in der Milchstraße zu finden sind. Ihre Form ist zum Teil abenteuerlich und in jedem Fall ein Foto wert. Lohnende Objekte sind z. B. die Wolken „Barnard 142/143" im Sternbild Adler und der Schlangennebel „Barnard 72" im Schlangenträger.

Tipp Belichten Sie lang genug, um den Hintergrund möglichst hell darzustellen, denn nur durch ihn werden die Dunkelwolken erkennbar. Aus dem gleichen Grund ist es ratsam, genügend Umfeld zu zeigen.

Daten zur Aufnahme unten	Kamera (Canon EOS); Optik	ISO; Blende; Belichtungszeit
Pferdekopfnebel im Sternbild Orion (mit modifizierter DSLR)	400D; Astro-Physics Traveler 105 mm f/6 Apochromat	1600; 6,0; 9 × 300 Sek.

Galaxien

Aufgrund ihrer Entfernung haben die meisten Galaxien einen geringen scheinbaren Durchmesser, so dass längere Brennweiten eingesetzt werden müssen. Die Andromeda-Galaxie M 31 und die Triangulum-Galaxie M 33 bilden eine Ausnahme, sie können schon mit 500 mm Brennweite und einer 1,6-fach-Crop-Kamera formatfüllend aufgenommen werden. Entferntere Paradebeispiele wie M 51, M 81, M 82, M 63, NGC 4565, M 65 und M 66 verlangen nach Brennweiten von 2000 mm und mehr.

Bei vielen Galaxien ist der Kern um ein Vielfaches heller als die Spiralarme. Dann müssen Sie Fotos mit unterschiedlich langen Belichtungen erstellen, die Sie mit der auf der Internetseite www.astromeeting.de/himmelsfotografie.htm geschilderten Methode verarbeiten. Kalkulieren Sie ein, dass die nötige Gesamtbelichtungszeit zwei Stunden und mehr betragen kann, um ein möglichst rauscharmes Ergebnis zu erhalten. In dieser Zeit machen Sie Einzelaufnahmen mit Belichtungszeiten von maximal 15 Minuten, die Sie später addieren.

Tipp Fotos von lichtschwachen Galaxien mit einer DSLR sollten Sie an Orten mit guter Himmelsqualität abseits der irdischen Störlichter machen, in mondlosen Nächten mit guter Transparenz der Atmosphäre.

Daten zur Aufnahme unten	Kamera (Canon EOS); Optik	ISO; Blende; Belichtungszeit
Andromeda-Galaxie M 31 (mit modifizierter DSLR)	400D; Takahashi FS-60C Refraktor	400; 5,9; 10 × 600 Sek.

Tipps & Tricks für Aufnahmen und Bearbeitung

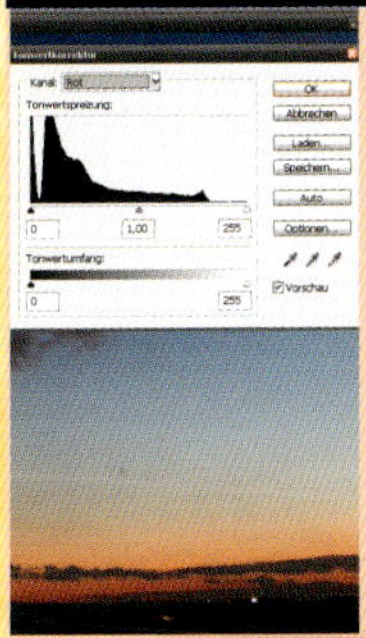

Aufnahmetechnik

Im Folgenden erhalten Sie Tipps, wie Sie an bestimmte Aufnahmen herangehen müssen (z. B. Sonnenfotos) oder wie Sie Ihre Aufnahmen beispielsweise durch ein genaueres Ausrichten der Montierung noch verbessern können.

Vorsicht Sonne!

Die enorme Helligkeit der Sonne ist eine potenzielle Gefahr für das Auge und die Kamera. Immer wieder passiert es selbst erfahrenen Beobachtern, dass durch eine Unachtsamkeit die Kamera einen Totalschaden erleidet; im schlimmsten Fall kann sogar das Augenlicht verloren gehen. **Schon ein kurzer Blick durch ein Teleskop, ein Fernglas oder den Sucher einer Kamera reicht aus, um das Auge irreversibel zu schädigen oder eine vollständige Blindheit zu verursachen**, wenn das Sonnenlicht nicht durch geeignete Filter auf ein ungefährliches Maß reduziert wird. Bei Aufnahmen der Sonne ist es daher zwingend erforderlich, ein Höchstmaß an Vorsicht walten zu lassen.

Ein stabil vor die Frontlinse von Teleskop (links) oder Objektiv (rechts) montierter Sonnenfilter ermöglicht ein gefahrloses Fotografieren der Sonne.

Die folgenden Hinweise sollen dazu dienen, Sie für diese Gefahren zu sensibilisieren. Wenn Sie noch unerfahren in Bezug auf Sonnenbeobachtungen sind, sollten Sie sich in einem Fachgeschäft beraten lassen. Auch die Kontaktaufnahme zu „alten Hasen", etwa Mitarbeitern einer Volkssternwarte oder erfahrenen Stern- bzw. Sonnenfreunden kann von großem Nutzen sein. Und bitte unterschätzen Sie nicht, dass selbst die durch Wolken oder eine horizontnahe Stellung abgeschwächte Sonne eine noch immer vernichtende Wirkung haben kann.

Auf gar keinen Fall! Bitte nehmen Sie Abstand davon, zu „Hausmitteln" zu greifen, etwa dem Schwärzen von Glasscheiben durch eine Kerzenflamme. Verwenden Sie auch grundsätzlich keine Filter, die in ein Okular eingeschraubt werden! Solche „Filter" sind weder sicher, noch gut genug für scharfe Sonnenfotos.

Geeignete Filter Der Fachhandel bietet eine ganze Reihe unterschiedlicher Lösungen für relativ sichere und qualitativ hochwertige Sonnenbeobachtungen an. Eine preiswerte, aber dennoch empfehlenswerte Methode ist ein Sonnenfilter aus einer speziellen Folie vor der Objektivöffnung von Teleskop oder Fotoobjektiv. Ein DIN A4-großes Stück „AstroSolar"-Sonnenfilterfolie von Baader-Planetarium kostet nur 20 Euro, das sollte Ihnen die Unversehrtheit Ihrer Augen und die Sicherheit Ihrer Kamera wert sein. Daraus lassen sich etliche Frontfilter für kleinere Teleskope, Sucherfernrohre und Objektive basteln. Achten Sie beim Selbstbau darauf, dass das Filter bombensicher vor dem Objektiv befestigt wird und kein Windstoß in der Lage ist, ihn

herunterzuwehen. Beschädigte Folie ist sofort durch eine neue zu ersetzen.
Diese Gefahren sollten Sie aber bei entsprechendem Interesse nicht davon abhalten, die Sonne zu fotografieren. Bei Verwendung von Sonnenfiltern vor der Objektivöffnung von Fernrohren besteht kein Gefährdungspotenzial. Teurer, aber ebenso sicher sind metallbedampfte Glasfilter vor der Objektivöffnung. Seltener findet ein Herschel-Keil Verwendung, der einen Großteil des Sonnenlichts aus dem Strahlengang herauslenkt. Eine besondere Art von Sonnenfiltern sind H-Alpha-Filter (s. S. 77).

Vorsicht bei der Beobachtung Behalten Sie trotz Filter während der Beobachtung oder Aufnahme alle Personen im Auge, speziell Kinder. Gestatten Sie ihnen keinen Zugriff auf den aufgesetzten Filter, klären Sie sie über die möglichen Gefahren auf und lassen Sie das Beobachtungsinstrument zu keinem Zeitpunkt unbeaufsichtigt. Nach Beendigung der Beobachtung sowie in Beobachtungspausen ist es ratsam, das Instrument sofort von der Sonne wegzuschwenken.

Landschaftsfotos mit Sonne Einer Spiegelreflexkamera mit Fotoobjektiv schadet es nicht, wenn Sie sie – ohne jegliches Filter – kurzzeitig auf die Sonne richten, es sei denn, Sie verwenden ein lichtstarkes Objektiv mit langer Brennweite. Dennoch würde ich dazu raten, die Kamera nicht auf ein Stativ zu setzen, damit die Sonne nicht immer am gleichen Punkt einwirken kann.

Vorsicht bei Landschaftsfotos mit Sonne

- Kein lichtstarkes Objektiv mit langer Brennweite
- Kein Stativ
- Vor dem Blick durch den Sucher: Kleine Blende einstellen und Abblendtaste drücken
- Kurze Belichtungszeit
- Keine Spiegelvorauslösung
- Keine Verwendung von Live-View

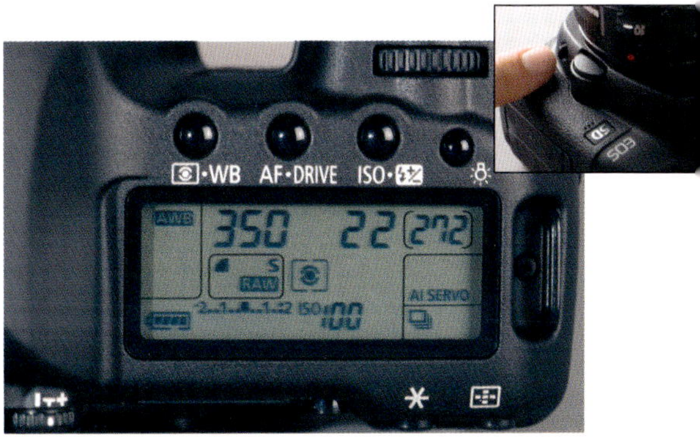

Die Kamera zeigt eine kleine Blende (22) an. Diese wird aber erst eingestellt, wenn die Abblendtaste dauerhaft gedrückt wird (oben).

Auch der Blick durch den Sucher ist zu vermeiden. Allenfalls nach Wahl einer kleinen Blendenöffnung (z. B. 16 oder 22) und dem Drücken der Abblendtaste (Schärfentiefe-Prüftaste), die die Blende tatsächlich auf den vorgewählten Wert schließt, ist die vorsichtige Benutzung des Suchers möglich.
Vergewissern Sie sich unbedingt vor dem Auslösen, dass eine kurze Belichtungszeit eingestellt ist, also beispielsweise die Belichtungsautomatik aktiv ist. Eine zu lange Belichtungszeit, wie sie bei manueller Einstellung möglich wäre, verursacht nicht nur eine hoffnungslose Überbelichtung, sondern kann im Extremfall den Aufnahmesensor dort, wo die Sonne einwirkt, dauerhaft schädigen. Für viele Kameras ist das gleichbedeutend mit einem wirtschaftlichen Totalschaden, weil sich der fällige Sensortausch meistens nicht lohnt.
Schalten Sie, wenn die Sonne Teil des Motivs ist, die Vorauslösung des Spiegels nicht ein, andernfalls könnte der Verschluss Schaden nehmen.
Die Verwendung der Live-View-Funktion verbietet sich selbstredend. Kompaktkameras, bei denen der Aufnahmesensor durch Erzeugung eines Live-Bildes als Sucher dient, sollten generell nie auf die Sonne gerichtet werden, solange das bloße Auge sie noch als gleißend hell empfindet.

Gesichtsfeld und Bildwinkel

Um ein Motiv formatfüllend abzulichten, gibt es grundsätzlich zwei Wege: Entweder verändert man die Entfernung zum Motiv durch Vorwärts- oder Rückwärtsbewegungen, oder man verändert die Aufnahmebrennweite durch einen Objektivwechsel, alternativ durch Zoomen. Die erste Variante scheidet bei der Himmels- und Astrofotografie aus, so dass als Variable nur noch die Aufnahmebrennweite übrig bleibt.
Auch die Brennweite eines Teleskops lässt sich verändern: Durch die Verwendung einer Barlow-Linse kann sie verlängert, durch einen Brennweitenreduzierer verkürzt werden. Dadurch ist es innerhalb von Grenzen möglich, den gewünschten, für ein bestimmtes Objekt passenden Bildwinkel zu erhalten.
Der effektive Bildwinkel ist aber nicht ausschließlich von der Aufnahmebrennweite abhängig, sondern zusätzlich noch von den Dimensionen des Aufnahmesensors, s. auch Kasten *Die Größe des Bildwinkels* (rechte Seite).

Berechnung des Bildwinkels Bildwinkel werden in Grad oder Bruchteilen davon gemessen. Ein Grad ist in 60 Bogenminuten (Symbol ') unterteilt, jede Bogenminute wiederum in 60 Bogensekunden (Symbol "). Um Bildwinkel zu bestimmen, wird die Winkelfunktion Tangens verwendet. Wenn α der gesuchte Bildwinkel ist, f die Brennweite der verwendeten Optik und L eine Kantenlänge oder die Diagonale des Sensors, dann gilt:

$$\alpha = 2 \cdot \arctan\left(\frac{L}{2 \cdot f}\right) \qquad [1]$$

Pro Brennweite können mehrere Werte berechnet werden, nämlich einer für die Sensorbreite b, ein zweiter für die Sensorhöhe h und ein dritter für die Diagonale D (s. Beispiel im Kasten rechts). Wenn die Sensorabmessungen in Breite b und Höhe h bekannt sind, kann die Diagonale D wie folgt berechnet werden:

$$D = \sqrt{b^2 + h^2} \qquad [2]$$

Beispiele für Bildwinkel Für einige gebräuchliche Sensorabmessungen und Brennweiten führt die Tabelle in der Buchinnenklappe die effektiven Bildwinkel in Grad auf. Die Spalten im helleren

Beispiel:
Bildwinkel Canon EOS 450 D bei 200 mm

Als Rechenbeispiel soll eine Canon EOS 450 D und ein Objektiv mit 200 Millimeter dienen. Der Hersteller gibt die Sensorgröße der EOS 450 D mit 22,2 (b) mal 14,8 (h) Millimeter an. Die Diagonale errechnet sich nach Formel [2] zu:

$$D = \sqrt{22{,}2^2 + 14{,}8^2} \approx 26{,}7 \text{ mm}$$

Mit Formel [1] können nun die Bildwinkel ermittelt werden. Für den diagonalen Bildwinkel gilt demnach:

$$\alpha = 2 \cdot \arctan\left(\frac{26{,}7\ mm}{2 \cdot 200\ mm}\right) \approx 7{,}6°$$

Über die Sensorbreite ergibt die Berechnung des Bildwinkels rund 6,4 Grad, über die Sensorhöhe gerundete 4,2 Grad. Der Vollmond z. B. hat einen Durchmesser von etwa 0,5 Grad. Die berechneten Werte geben also eine konkrete Vorstellung davon, wie groß – oder besser gesagt wie klein – der Mond auf dem Bild erscheinen wird, wenn er mit dem beschriebenen 200-Millimeter-Objektiv und einer Canon EOS 450 D fotografiert wird.

Die Größe des Bildwinkels

Große Bildwinkel erreicht man mit einer kurzen Brennweite und einem großen Sensor (Weitwinkel). Je länger die Brennweite und je kleiner der Aufnahmesensor sind, desto kleiner ist auch der effektive Bildwinkel („Tele").

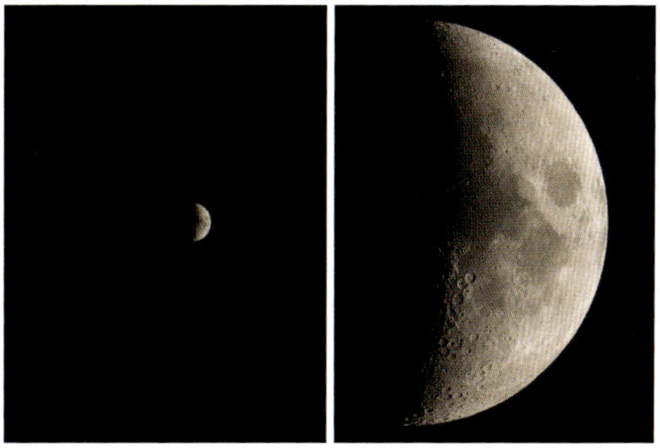

Mondfotos einer DSLR mit Crop-Faktor 1,6: Brennweite links 200 mm, rechts 2000 mm.

Lila-Ton nennen die Werte für eine Kamera mit einem Sensor, der die gleichen Maße aufweist wie der Kleinbildfilm (Vollformatsensor). Die dunkleren Spalten beziehen sich auf eine Kamera mit Sensor im APS-C-Format, der pro Kante etwa 1,6-fach kürzer ist als das Kleinbildformat („Crop-Faktor" = 1,6). Alle Canon-EOS-Modelle bis zur 50 D gehören zu dieser Kameraklasse.

Das optimale Gesichtsfeld Bei der Planung einer Aufnahme ist zu entscheiden, wie groß ein Himmelsobjekt in Bezug auf das ganze Format abgebildet werden soll. Bei Sonne und Mond wird man eine möglichst formatfüllende Abbildung wählen, denn im Umfeld befinden sich in aller Regel keine interessanten anderen Objekte. Die Alternative wäre eine Detailaufnahme mit noch längerer Brennweite, um einen Sonnenfleck oder einen Krater in hoher Vergrößerung abzulichten. Bei offenen Sternhaufen kann die Überlegung eine andere sein: Eine formatfüllende Abbildung ohne Umfeld würde dazu führen, dass der Sternhaufen nicht mehr als solcher zu erkennen ist, das Resultat ist dann lediglich eine Aufnahme mit vielen Sternen. Erst die Einbeziehung eines großzügig bemessenen Umfeldes lässt die Sternkonzentration des Haufens sichtbar werden. Neben den effektiven Bildwinkeln ist es also wichtig zu wissen, welche scheinbare Größe das zu fotografierende Himmelsobjekt hat. Einige Beispiele sind in der zweiten Tabelle in der Buchinnenklappe genannt.

Ganz ohne Rechenarbeit ist das optimale Gesichtsfeld zu ermitteln, wenn Sie ein Planetariumsprogramm auf Ihrem Computer wie beispielsweise *Guide*, *TheSky*, *Cartes du Ciel* oder *Starry Night* (s. Seite 141) verwenden. Darin lassen sich zusätzlich zu den ausgewählten Motiven die Gesichtsfelder anzeigen, wenn Sie den von Ihnen verwendeten Kameratyp und die benutzte Brennweite eingeben.

Offene Sternhaufen zeigen eine höhere Sterndichte als ihre Umgebung (rechtes Bild). Wird diese nicht mit abgebildet, ist der Sternhaufen nicht mehr zu erkennen (linkes Bild).

Wann werden die Sterne strichförmig?

Bedingt durch die Rotation der Erde dreht sich der Himmel scheinbar in rund 24 Stunden (genau: $23^h56^m04^s$) um den Himmelspol herum, so dass die Sterne im Osten auf- und im Westen wieder untergehen. Diese Drehbewegung können Sie dazu nutzen, um mit einer feststehenden Kamera und langen Belichtungszeiten eindrucksvolle Strichspuraufnahmen zu erzeugen (vgl. Seite 36).
Für andere Motive jedoch ist es schöner, wenn die Sterne nicht als Striche, sondern punktförmig abgebildet werden. Dann stellt sich die Frage, wie lang die Belichtungszeit maximal sein darf, bevor die Sterne zu Strichen werden.

Kriterien für die Belichtungszeit Die Belichtungszeit hängt von drei Faktoren ab:

1. Brennweite
Je länger die verwendete Brennweite ist, desto kürzer muss die Belichtungszeit sein, bevor eine strichförmige Sternabbildung auf dem Foto sichtbar wird.

2. Auflösung
Gemeint ist hier die Kantenlänge der einzelnen Pixel auf dem Aufnahmesensor der Kamera. Je kleiner diese sind, desto höher ist die räumliche Auflösung. Bei kleinen Pixeln ist die maximal zulässige Belichtungszeit daher kürzer als bei Sensoren mit größeren Pixeln.

3. Deklination der Himmelsregion
Die Winkelgeschwindigkeit der Sternbewegungen ist in der Nähe der Himmelspole (Himmelsnord- und -südpol) minimal und am Himmelsäquator maximal. Im Koordinatensystem des Himmels entspricht das der sogenannten Deklination, am ehesten vergleichbar mit dem Breitengrad auf der Erde. An den Polen selbst (Deklination = +/– 90 Grad) ist sie praktisch gleich Null, am Himmelsäquator (Deklination = 0 Grad) relativ hoch.

Die maximale Belichtungszeit Die ausführliche Formel, mit der die maximale Belichtungszeit errechnet werden kann, bevor bei fest montierter Kamera die Sterne sichtbar zu Strichen werden, lautet:

$$t = \frac{13\,713\ \text{s} \cdot l}{F \cdot \cos(\delta)}$$

Dabei ist t die Belichtungszeit in Sekunden, l die Länge der Strichspur in Millimeter, F die Brennweite in Millimeter und δ die Deklination der Himmelsregion in Grad.
Für l muss im strengsten Fall die Kantenlänge eines einzigen Pixels eingesetzt werden, maximal das Doppelte davon. Das würde bedeuten, dass sich der Stern im Laufe der Belichtungszeit über eine Strecke von zwei Pixeln bewegt. Die Pixelgröße Ihrer Kamera können Sie ermitteln, wenn Sie die Kantenlänge des Sensors durch die Anzahl der Pixel in dieser Dimension teilen.

Beispiel Canon EOS 450 D Die Canon EOS 450 D verfügt über einen Sensor, der 22,2 x 14,8 mm groß ist und 4272 x 2848 Pixel enthält (beides ist den technischen Daten zu entnehmen).
22,2 mm geteilt durch 4272 ergibt eine Kantenlänge von gerundet 0,0052 mm, also 5,2 tausendstel Millimeter. Akzeptieren Sie die Drift um zwei Pixel, nimmt l also den Wert 0,0104 mm an (2 · 0,0052 mm). Beträgt die Brennweite 35 Millimeter und die Deklination der Himmelsregion

Ohne Nachführung werden die Sterne nur bei kurzen Belichtungszeiten punktförmig abgebildet (links), bei längeren hingegen strichförmig.

45 Grad, errechnet sich die maximal zulässige Belichtungszeit t zu:

$$t = \frac{13\,713\ \text{s} \cdot 0{,}0104}{35 \cdot \cos(45°)} = 5{,}8\ \text{Sekunden}$$

Am Himmelsäquator ($\delta = 0°$) reduziert sich dieser Wert auf 4 Sekunden. Die Tabelle *Maximal mögliche Belichtungszeiten* in der Umschlagklappe enthält die Zeiten unter den gleichen Annahmen für verschiedene Brennweiten.

Theorie versus Praxis Dieser mathematische Ansatz geht natürlich davon aus, dass eine extrem scharf abbildende Optik verwendet wird, die zudem exakt auf unendlich fokussiert ist. Die Praxis ist oft gnädiger, so dass in manchen Fällen diese Werte verdoppelt oder gar verdreifacht werden können, ohne dass eine strichförmige Abbildung von Sternen auf Ausdrucken in üblicher Größe zu bemerken ist. Tatsache bleibt aber, dass zum Beispiel mit einem 100-Millimeter-Objektiv bereits nach wenigen Sekunden Belichtungszeit bei kritischer Betrachtung Sternstriche entstehen.

Modifikation einer DSLR zu Astrozwecken

Digitale Spiegelreflexkameras sind vom Hersteller für Tageslichtaufnahmen optimiert. Dazu ist vor dem Aufnahmesensor ein Filter installiert, der die infraroten Anteile des Lichtes blockt. Das ist notwendig, um Fotos mit natürlichen Farben zu erhalten.

Rotschwäche von DSLRs Leider beginnt die Sperrwirkung dieser Filter jedoch bereits diesseits des Infraroten, nämlich im Bereich tiefroter, aber noch sichtbarer Wellenlängen. Viele interstellare Nebel senden ihr rotes Licht just in einer solchen Wellenlänge ab, die von dem Sperrfilter zu einem Großteil geblockt wird. Die Rede ist vom Licht leuchtender Wasserstoffwolken, das bei 656,3 Nanometer Wellenlänge emittiert wird. Es ist das typisch rote Licht, in dessen Farbe so bekannte Objekte wie z. B. der Nordamerikanebel (NGC 7000), der Orion-Nebel (M 42), der Schwanennebel (M 17) und der Lagunennebel (M 8) strahlen.

Ein Blick auf die Datenblätter der Kamerahersteller zeigt, dass 80 % dieses Lichtes nicht aufgezeichnet werden können. Mit anderen Worten: Für das Rot solcher Gasnebel haben DSLRs eine eklatante Sehschwäche. Das führt dazu, dass selbst nach langen Belichtungszeiten die Objekte nur schwach erkennbar und die roten Farbanteile unterrepräsentiert sind. Der Lagunennebel sieht dann eher blau aus und der Orion-Nebel meist grünlich statt rot.

Ausbau des IR-Filters Leider gibt es für dieses Problem keine simple Lösung. Der einzig gangbare Weg ist der Ausbau des Infrarotsperrfilters vor dem Aufnahmesensor. Das wiederum stellt einen erheblichen Eingriff in die Kamera dar und führt in jedem Fall zum Verlust von Garan-

Eine Kamera mit ausgebautem IR-Sperrfilter erfasst wesentlich mehr Rotanteile von Gasnebeln (rechts) als eine im Originalzustand (links). Die Aufnahmen entstanden mit der gleichen Belichtungszeit unmittelbar hintereinander.

tie- oder Gewährleistungsansprüchen, sollte also wohlüberlegt werden.

Grundsätzlich würde ich dringend davon abraten, einen solchen Eingriff selbst vorzunehmen, auch wenn im Internet entsprechende Anleitungen dafür zu finden sind. Zu groß ist das Risiko, dass ein Teil der Kamera beschädigt wird. Zuverlässige Umbauten bieten zum Beispiel die Firma Baader-Planetarium (www.baader-planetarium.de) sowie Rainer Hönle (www.gletscherbruch.de) an (s. auch S. 142). Wer den Kamera-Umbau unbedingt selbst machen möchte, muss über das nötige Werkzeug und die nötige Erfahrung verfügen.

Tageslichtaufnahmen Wenn der Infrarotsperrfilter ersatzlos entfernt wird, ist die Kamera nur noch bedingt alltagstauglich. Zum einen liefert sie dann Fotos mit einem erheblichen Rotstich, der nur mühsam und nicht immer zufriedenstellend durch einen manuellen Weißlichtabgleich kompensiert werden kann. Zum anderen funktioniert der Autofokus nicht mehr hundertprozentig genau, wenn der Glasweg des entfernten Filters, der zu einer Verlagerung des Fokuspunktes führte, fehlt.

Abhilfe schafft ein Ersatzfilter, der statt dem serienmäßigen Infrarotsperrfilter eingebaut wird (modifizierte DSLR). Solche Filter werden z.B. von der Firma Baader-Planetarium angeboten. Sie lassen das rote Licht der Gasnebel passieren, sperren aber das infrarote. Wird ein solcher Filter eingebaut, kann die Kamera weiterhin problemlos für Tageslichtaufnahmen verwendet werden, und auch der Autofokus ist unbeeinträchtigt. Ein manueller Weißabgleich führt zu einer farbrichtigen Darstellung. Ein derartiger Umbau ist optimal, um mit einer Kamera sowohl den Anforderungen der Astro- als auch der Alltagsfotografie gerecht zu werden.

Alternativ bietet sich die Verwendung zweier Kameragehäuse an: Ein unverändertes Exemplar für allgemeine Aufgaben und ein zweites, vielleicht gebraucht erworbenes, etwas älteres und damit preiswert zu erstehendes Modell mit ausgebautem Filter für Astrozwecke.

Einnorden einer Montierung

Langzeitbelichtungen, wie sie bei Aufnahmen lichtschwacher Objekte wie Gasnebel, Galaxien oder Sternhaufen notwendig sind, erfordern den Einsatz einer auf den Himmelsnordpol ausgerichteten parallaktischen Montierung. Drei Methoden, die Montierung „einzunorden", sollen hier näher beschrieben werden.

1. **Einnorden mit Polsucherfernrohr** Ein komfortabler Weg ist der Gebrauch eines Polsucherfernrohrs. Voraussetzung ist eine Montierung, deren Stundenachse durchbohrt ist. In die Bohrung wird ein sogenanntes Polsucherfernrohr eingeschraubt. Es vergrößert nur gering, zeigt im Gesichtsfeld aber eine Grafik, die die Abweichung des Polarsterns vom wahren Himmelspol berücksichtigt. Jetzt muss nur noch bekannt sein, welche Stellung der Polarstern relativ zum Pol zum aktuellen Zeitpunkt hat. Dazu bieten die Polsucher verschiedene Hilfen an, so dass der Polarstern auf die im Polsucher markierte Position gebracht werden muss, indem Azimut und Polhöhe der Montierung verstellt werden (s. Abb. r. S. oben und unten).

   Noch einfacher funktioniert es, wenn der Polsucher außer dem Polarstern noch die Position eines zweiten Sterns im Kleinen Wagen angibt: Delta Ursae Minoris. Dann reduziert sich der Einnordungsprozess darauf, beide Sterne an die im Polsucher vorgegebene Position zu bringen, was innerhalb weniger Minuten machbar ist.

In die Stundenachse mancher Montierungen lässt sich ein Polsucherfernrohr einsetzen.

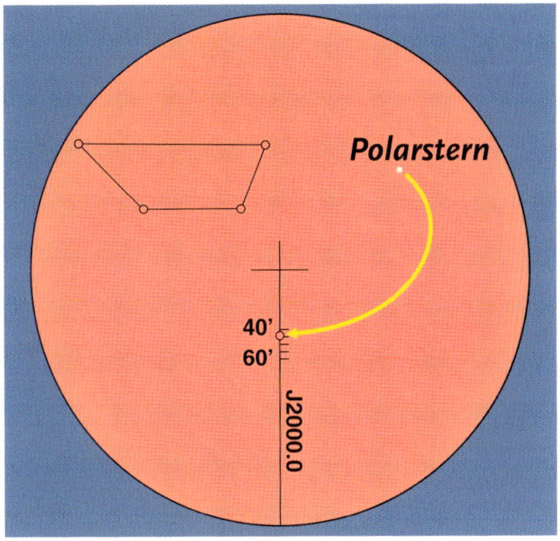

Der kleine Kreis im Polsucher zeigt, welche Position der Polarstern einnehmen muss.

Bei einer soliden Ausführung der beteiligten Komponenten und einer korrekten Justage des Polsuchers ist diese Methode der Einnordung für die Anforderungen der digitalen Astrofotografie von ausreichender Genauigkeit. Das gilt in erster Linie für mobiles Equipment, das immer wieder auf- und abgebaut wird.

2. **Methode nach Scheiner** Etwas aufwendiger ist eine Vorgehensweise, die nach ihrem Erfinder, dem Astronomen Julius Scheiner, benannt ist. Hin und wieder wird der Prozess des Einnordens dann auch als „Einscheinern" bezeichnet. Das Verfahren ist iterativ, nähert sich also dem optimalen Punkt schrittweise durch abwechselndes Anfahren zweier Sterne. Es ist im Kasten *Ausrichten der Montierung nach Scheiner* auf Seite 116f ausführlich beschrieben (s. auch Tipp *Einscheinern mit Digitalkamera* auf Seite 119). Als Vorteil schlägt zu Buche, dass erstens keine freie Sicht auf den Himmelspol vonnöten ist und zweitens eine beliebig genaue Aufstellung erreicht werden kann.
3. **Einnorden mit Hilfe einer Kamera** Manche Digitalkameras können dazu genutzt werden, eine Montierung einzunorden. Eine Spiegelreflexkamera ist nicht geeignet, sehr wohl aber eine Webcam, ein Videomodul oder eine Astro-CCD-Kamera mit der entsprechenden Software und einen Laptop. Die Software muss die Positionsabweichung eines Sterns von einer Aufnahme zur nächsten grafisch darstellen können. Beispielsweise beherrschen das die folgenden Programme: *MaxIm DL*, *CCDOPS* und *K3CCD-Tools* (s. S. 141). Sie benötigen lediglich einen Stern im Süden in der Nähe des Himmelsäquators (ca. 0 Grad Deklination). Eine freie Sicht auf den Himmelspol und den Polarstern ist nicht notwendig. Gehen Sie vor, wie im Kasten *Einnorden mit Webcam …* beschrieben (S. 118).

Gutes Einnorden ist wichtig! Moderne Montierungen mit GoTo-Steuerung bieten zum Teil weitere Verfahren zur Einnordung an, die mitunter sehr leistungsfähig sind. Allerdings muss auf eine detaillierte Beschreibung hier verzichtet werden, weil die Vorgehensweise stark von der Montierung abhängt. Entnehmen Sie Einzelheiten dazu der Bedienungsanleitung der verwendeten Montierung.
Welche Methode Sie auch immer wählen, mit einer gut eingenordeten Montierung schaffen Sie eine wichtige Voraussetzung für gelungene Astrofotos mit langen Belichtungszeiten.

Justageschrauben ermöglichen die Einstellung von Polhöhe (links) und Azimut (rechts).

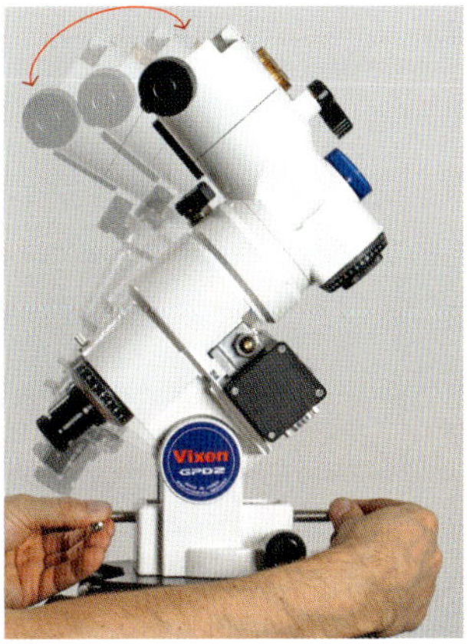

Ausrichten der Montierung nach Scheiner

1. Zunächst sollte die Montierung so genau wie möglich aufgestellt werden (vgl. Seite 48). Die folgenden Erläuterungen gehen davon aus, dass Sie kein Zenitprisma oder ähnliche Hilfsmittel verwenden, sondern nur das Okular im Okularauszug, allenfalls noch eine Barlow-Linse zur Steigerung der Vergrößerung.

2. Jetzt wird ein Stern im Süden, unweit des Himmelsäquators eingestellt, d. h. ein Stern, der etwa die Deklination 0 Grad hat. In Deutschland ist das ein Stern, der in etwa 40 Grad Höhe kulminiert.

3. Nun wird ein hoch vergrößerndes Fadenkreuzokular so ausgerichtet, dass der Stern bei abwechselnder Betätigung der Motoren jeweils auf einem Faden des Fadenkreuzes entlangläuft (Abb. A). Eine Bewegung der Stundenachse lässt den Stern auf dem waagerechten Faden laufen, die Bewegung der Deklinationsachse bewegt den Stern entlang des senkrecht ausgerichteten Fadens. Das Fadenkreuzokular darf ab jetzt nicht mehr verdreht werden!

4. Der Stern wird auf dem Fadenkreuz zentriert, während die Nachführung der Montierung eingeschaltet ist. Achten Sie nun darauf, ob der Stern im Laufe der Zeit nach oben oder nach unten driftet. Wenn er nach oben (im umkehrenden Fernrohr entspricht das Süden) wandert (Abb. B), ist das Azimut der Montierung gegenüber dem Stativ oder der Säule gegen den Uhrzeigersinn zu korrigieren (das Südende der Montierung muss nach Osten geschwenkt werden). Wandert er nach unten (Abb. C), muss die Montierung im Uhrzeigersinn verstellt werden. Danach ist der Stern natürlich nicht mehr im Gesichtsfeld und muss neu eingestellt werden.

5. Dieser Prozess ist nun so lange zu wiederholen, bis der Stern auch nach einigen Minuten weder nach oben, noch nach unten davonläuft. Abweichungen nach links oder rechts sind in dieser Phase unerheblich.

6. Ist das Ziel erreicht, wird das Teleskop auf einen Stern im Osten in etwa 30 Grad Höhe geschwenkt, während das Okular in seiner Stellung verbleibt. Wiederum ist zu prüfen, ob bei eingeschaltetem Nachführmotor der Stern nach oben oder nach unten abwandert. „Oben“ und „unten“ heißt, entlang jenem Faden im Fadenkreuz, auf dem der Stern bei einer Bewegung der Deklinationsachse entlangläuft. Das muss erwähnt werden, weil das Fadenkreuz nun keine Senkrechte und Waagrechte mehr erkennen lässt, sondern um etwa 45 Grad gegenüber dem Horizont verdreht ist. Wandert der Stern nach oben (was wiederum Süden entspricht, Abb. D), muss die Stundenachse, also die Polachse, steiler eingestellt werden. Eine Drift nach unten (Abb. E) bedeutet, dass die Stundenachse flacher einzustellen ist.

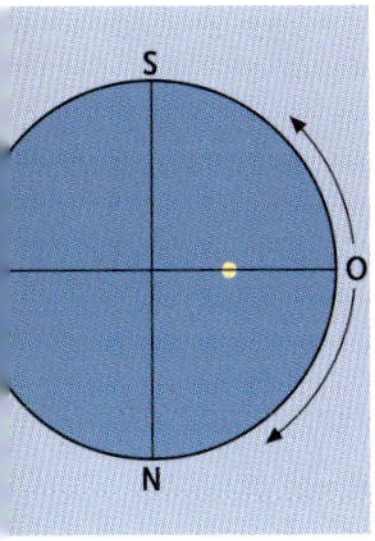

Fadenkreuz an der Achsenbewegung ausrichten.

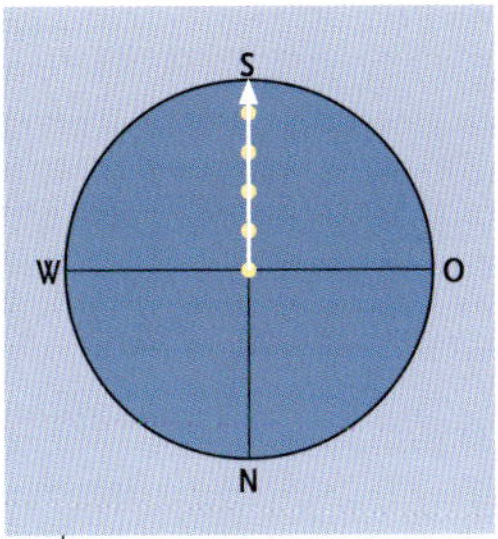

B Sterndrift nach oben, Montierung muss nach Osten.

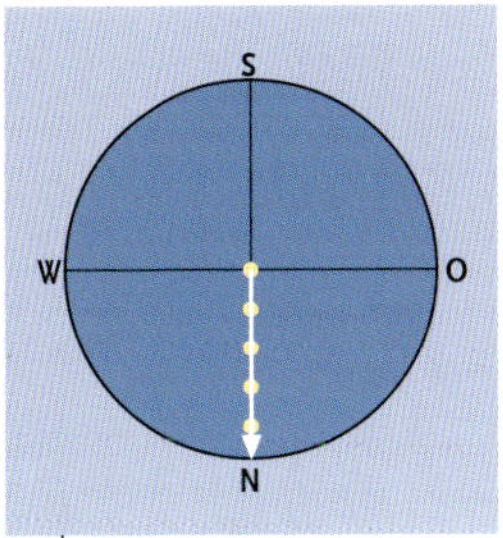

C Sterndrift nach unten, Montierung muss nach Westen.

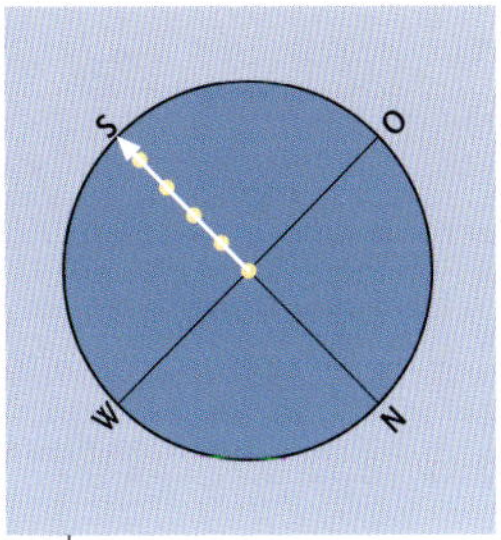

D Sterndrift nach oben, Stundenachse steiler stellen.

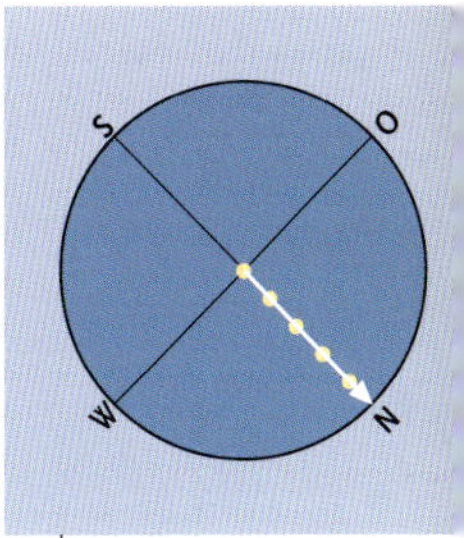

E Sterndrift nach unten, Stundenachse flacher stellen.

Ausrichten der Montierung nach Scheiner (Fortsetzung)

7. Auch dieser Prozess ist so lange zu wiederholen, bis ebenfalls nach einigen Minuten ohne Korrekturen keine Drift mehr feststellbar ist. Alternativ zum Stern im Osten kann auch einer im Westen verwendet werden, nur sind dann die Korrekturen der Polhöhe in umgekehrter Weise vorzunehmen, d. h. bei einer Sterndrift nach oben ist der Winkel der Stundenachse zu verringern.

8. Leider ist das „Einscheinern“ auch jetzt noch nicht beendet, denn nun sollten Sie wiederum einen Stern im Süden aufsuchen, um das Azimut der Montierung erneut – so wie oben beschrieben – in kleineren Schritten zu optimieren. Ist das geschehen, geht es wieder zurück zu einem Stern im Osten oder Westen.
Die Korrekturschritte werden in Laufe der Prozedur immer kleiner und die Genauigkeit der Aufstellung von Mal zu Mal höher. Für normale Ansprüche einer mobilen Ausrüstung für digitale Astrofotos sollte es reichen, vier Iterationsschritte vorzunehmen, also zweimal einen Stern im Süden und zweimal einen im Osten oder Westen anzufahren. Eine Stunde Zeit ist dafür zu veranschlagen. Eine ausführliche Anleitung ist als PDF-Datei abrufbar unter: http://www.baader-planetarium.de/montierungen/download/scheiner-klassic.pdf.

Eine exakt aufgestellte Montierung kann unter Umständen sogar die Nachführkontrolle entbehrlich machen oder zumindest wesentlich erleichtern. Ist die Montierung nicht ausreichend gut eingenordet, droht im Extremfall eine Bildfelddrehung während einer langen Belichtungszeit, was selbst durch einen Autoguider (s. Seite 119ff) nicht mehr kompensiert werden kann.

Bei schlecht eingenordeter Montierung dreht sich das Bildfeld während langer Belichtungen.

Einnorden mit Webcam, Videomodul oder CCD-Kamera

1. Norden Sie die Montierung so gut wie möglich ein (nach Schätzung).

2. Richten Sie das Fernrohr auf einen Stern im Süden in der Nähe des Himmelsäquators (Deklination ≈ 0°).

3. Schließen Sie die Kamera so an, dass die Pixelzeilen zur Stundenachse, die Pixelspalten zur Deklinationsachse parallel laufen. Um das zu erreichen, schalten Sie den Nachführmotor der Montierung ab und machen in kurzen Intervallen Fotos. Der Stern darf dann von Aufnahme zu Aufnahme auf dem Sensor nur seine waagerechte Position verändern.
Noch einfacher geht es mit einem Videomodul. Dann haben Sie ein Live-Bild und können den Motor der Stundenachse mit höherer Geschwindigkeit hin- und herlaufen lassen. Die Kamera wird so lange gedreht, bis der Stern nur noch waagerechte Bewegungen zeigt.

4. Jetzt kommt die Software zum Zug. Im Nachführmodus (Guiding) wird sie die Drift dieses Sterns bei laufender Nachführung darstellen, während die Kamera kontinuierlich Aufnahmen macht. Natürlich darf währenddessen kein Guiding stattfinden, was sichergestellt ist, wenn die dazu nötigen Kabel gar nicht erst eingesteckt werden.
Beobachten Sie jetzt auf dem Computerbildschirm die Abweichungen des Sterns von seiner Position von einem Foto zum nächsten. Wäre die Montierung perfekt eingenordet und die Nachführung ebenso fehlerfrei, würden keinerlei Abweichungen in x-Richtung (Rektaszension) und y-Richtung (Deklination) stattfinden. In der Realität ergibt sich aber ein anderes Bild: Die Auslenkung in y-Richtung repräsentiert die Drift des Sterns in Deklination. Grafisch aufgetragen ergibt sich zunächst eine ansteigende oder abfallende Gerade. Die Azimuteinstellung der Montierung ist nun so lange zu verstellen, bis die Gerade horizontal verläuft.
In x-Richtung wird eine mehr oder weniger sinusförmige Kurve zu erkennen sein, die sich im anzustrebenden Zustand weder nach oben, noch nach unten „aufschaukelt". Ursache der Sinuskurve ist der periodische Schneckenfehler, eine mechanische Gangungenauigkeit, unter der alle herkömmlichen Schneckenantriebe leiden. Durch Einstellen der Polhöhe können Sie erreichen, dass die Sinuskurve horizontal verläuft, ohne sich im Laufe der Zeit nach oben oder nach unten zu entwickeln. Eine Phase der Sinuskurve ist vollständig, wenn die Antriebsschnecke eine komplette Drehung absolviert hat, was je nach Montierung nach etwa vier bis acht Minuten der Fall ist.
Die Messung der Sternposition durch die Software erfolgt subpixelgenau, dadurch fallen Abweichungen von der Sollposition schon nach kurzer Zeit auf. Immer kleiner werdende Korrekturen in Azimut und Polhöhe führen rasch zu einer präzisen Einnordung.

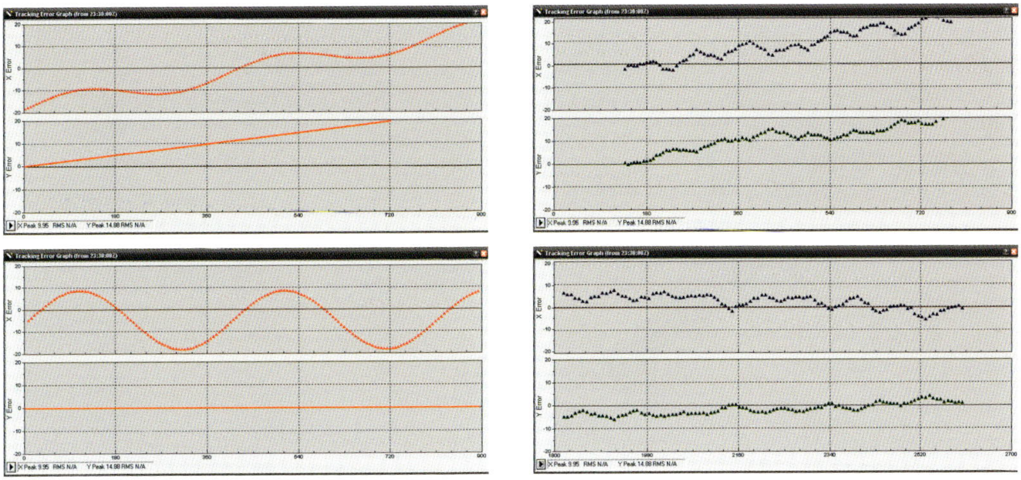

Theoretisch zu erwartende Sterndrift bei schlecht (l.o.) und exakt (l.u.) eingenordeter Montierung. Rechts: reale Darstellungen.

Einscheinern mit Digitalkamera

Wenn Sie statt des Fadenkreuzokulars (S. 116f) eine Digitalkamera verwenden, können Sie eine Drift wesentlich schneller erkennen und der Prozess des Einnordens verkürzt sich entsprechend. Eine DSLR ist dafür allerdings nicht geeignet, eher die Kamera, die Sie unter Umständen als Autoguider (s. Seite 120) betreiben. Diese muss so am Teleskop angebracht werden, dass ihre Pixelreihen und -spalten synchron zur Bewegung um die Stunden- bzw. Deklinationsachse laufen. Vergewissern Sie sich dabei sorgfältig, in welcher Orientierung die Kamera angebracht ist und ob eine Sterndrift auf dem Foto nach „oben" einer Abweichung nach Süden (so wie im Okular) oder nach Norden entspricht.

Die automatische Nachführkontrolle (das Guiding)

Die manuelle Nachführkontrolle, bei der ein Stern durch ein Fadenkreuzokular beobachtet wird, wurde auf Seite 94f beschrieben. Doch obwohl die Belichtungszeiten im digitalen Zeitalter nur noch in Minuten gerechnet werden, ermüdet die Tätigkeit der manuellen Nachführkontrolle ziemlich, je mehr Aufnahmen man hintereinander macht. Schnell kommt daher der Wunsch auf, diese etwas monotone Tätigkeit einer Technik zu überlassen.

Autoguiding Tatsächlich gibt es eine technische Lösung, die unter diesem Stichwort bekannt ist. Das Prinzip besteht darin, dass statt dem Auge eine Digitalkamera verwendet wird, deren Aufnahmesensor in kurzen Intervallen ausgelesen und die Position eines darauf projizierten Sterns durch eine Software ermittelt wird. Der Computer zur Kamerasteuerung ist durch ein weiteres Kabel mit der Steuereinheit der Montierung verbunden. Dadurch ist die Software in der Lage, erforderliche Korrekturbewegungen der Montierung zu veranlassen, wenn festgestellt wird, dass sich die Position des Leitsterns verändert

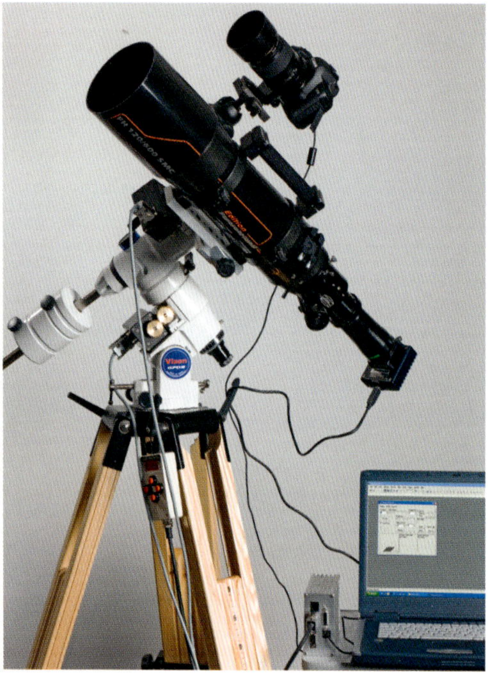

Hier ist die Kamera auf ein Fernrohr montiert, das über einen Autoguider als Leitrohr dient.

hat. Diese Methode kann schon bei einer aufgesattelten DSLR Anwendung finden (Abb. oben). Kameras, mit denen diese Art der Nachführkontrolle bewerkstelligt werden kann, heißen „Autoguider". Nicht jede beliebige Digitalkamera ist dazu geeignet, als Autoguider zu fungieren; eine DLSR kommt hierfür nicht Frage. Entweder ist die Anschaffung einer speziell für diesen Zweck geschaffenen Kamera fällig, oder man versucht es mit einer Webcam bzw. einer Videokamera. Webcams haben den Nachteil, dass ihre Empfindlichkeit relativ gering ist und nur helle Sterne als Leitsterne erfasst werden können. Und mit „Videokamera" ist nicht etwa ein handelsüblicher Camcorder gemeint, sondern kleine Kameramodule, die normalerweise in der Industrie ihre Anwendung finden. Webcam und Videokameramodul haben den Zusatznutzen, dass man sie auch für die Fotografie von Planeten einsetzen kann.

Empfehlungen Ohne Anspruch auf Vollständigkeit können die in der Tabelle unten aufgelisteten Geräte als Autoguider empfohlen werden. Alle Geräte außer dem LVI-SmartGuider benötigen für den Betrieb einen Computer bzw. Laptop und eine Software, die die Funktion des Guidings übernimmt. Beachten Sie, dass bei manchen Produkten weder die Software, noch die nötigen Kabel im Lieferumfang enthalten sind und separat erworben werden müssen. Voraussetzung ist zudem eine Autoguider-Anschlussbuchse an der Steuerung Ihrer Montierung. Bevor ich die grundsätzliche Vorgehensweise bei der Nachführkontrolle mittels einer Autoguider-Kamera beschreibe, möchte ich noch einen Erfahrungswert weitergeben: Sämtliche verfügbaren Lösungen für das Autoguiding sind keine

Empfehlenswerte Autoguider

Hersteller	Bezeichnung	Kameratyp	Webseite
Baader	LVI-SmartGuider	Standalone Autoguider	http://www.baader-planetarium.de
Alccd	ALccd 5	Autoguider	http://www.astrolumina.de
Imaging Source	DMK 21AU04.AS u.a.	Videomodul	http://www.astronomycameras.com
SBIG	ST-402ME	CCD-Kamera	http://www.sbig.de
Meade	DSI 2 Deep Sky Kamera, diverse Modelle	CCD-Kamera	http://www.meade.de

TIPP: Standalone Autoguider

Das Angebot an Autoguidern, die ohne einen zusätzlichen Computer oder Laptop ihren Dienst verrichten können, ist sehr beschränkt. Legendär zuverlässig sind die Guider SBIG ST-4 und ihr Nachfolger, die STV. Leider wurde ihre Produktion eingestellt, sie sind daher nur noch auf dem Gebrauchtmarkt zu bekommen. Eine Neuerscheinung auf diesem Sektor ist der LVI-SmartGuider von Baader-Planetarium. Sein Stromverbrauch bei 12 Volt ist ziemlich gering, so dass er eine gute Lösung auch für den Feldeinsatz darstellt.

„Plug & Play-Systeme". Das bedeutet, dass Sie eine mehr oder weniger mühevolle Lernphase absolvieren müssen, um erfolgreich damit umzugehen. Mit dem Anschließen der Kabel und dem Starten der Software ist mit Sicherheit noch kein funktionsfähiger Zustand erreicht. Kalkulieren Sie also einige Stunden oder gar Nächte ein, in denen Sie den Autoguider zum Laufen bringen müssen, ohne dass dabei schon Fotos entstehen.

Inbetriebnahme eines Autoguiders Im Folgenden werden die nötigen Schritte beschrieben, um einen Autoguider in Betrieb zu nehmen. Im Beispiel wird die Software MaxIm DL und ein DMK-Videomodul verwendet. Jede andere Software und Kamera funktioniert aber sinngemäß gleich oder zumindest ähnlich.

1. Schließen Sie alle Kabel an, starten Sie die Software auf dem PC und verbinden Sie die Steuerung der Montierung mit dem Computer.
2. Richten Sie Ihr Fernrohr auf einen Stern der Größenklasse 2 bis 4 und zentrieren Sie ihn mit einem hoch vergrößernden Okular sorgfältig in der Mitte des Gesichtsfeldes. Die Nachführung ist dabei eingeschaltet.

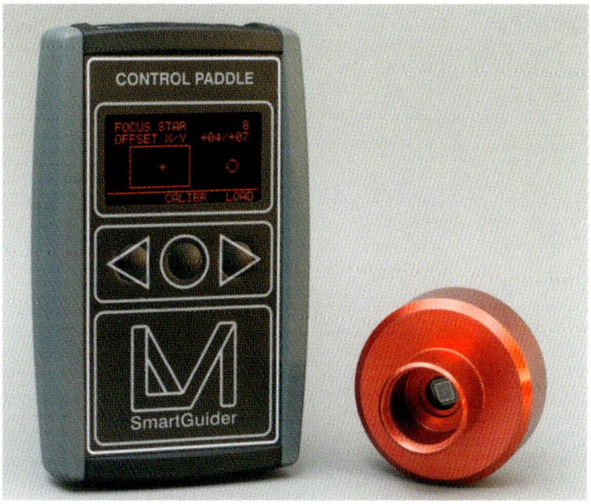

Der LVI-SmartGuider von Baader-Planetarium.

3. Ersetzen Sie das Okular durch die Guider-Kamera.
4. Fokussieren Sie das Fernrohr, bis der Guider ein optimal scharfes Bild des Leitsterns empfängt.
5. Finden Sie heraus, welche Belichtungszeit notwendig ist, damit der Leitstern nicht übersättigt ist. Optimale Belichtungszeiten für das Guiding liegen oberhalb einer halben Sekunde und unterhalb von ca. fünf Sekunden. Zu kurze Belichtungszeiten bergen die Gefahr, dass der Guider den Ortsveränderungen des Sterns, die durch die Luftunruhe (das Seeing) bedingt sind, „hinterherläuft". Zu lange Belichtungszeiten können kurzfristig auftretende Abweichungen nicht parieren.
6. Selektieren Sie aus dem vollformatigen Bild des Autoguiders den Stern, den Sie als Leitstern vorgesehen haben (weißer Pfeil).

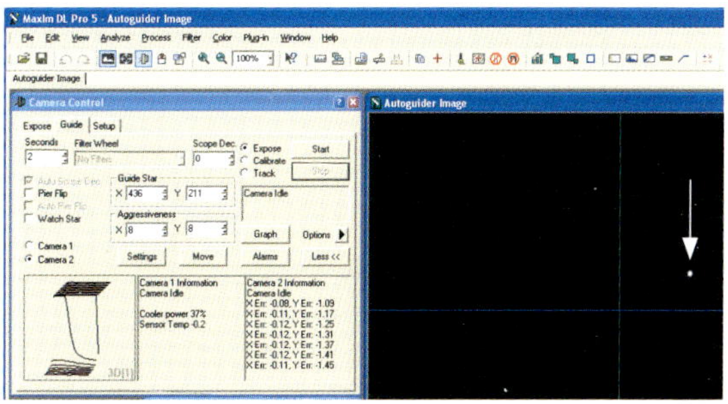

7. Schalten Sie die Korrekturgeschwindigkeit Ihrer Fernrohrsteuerung um auf einfache Sterngeschwindigkeit (1x).

8. Starten Sie die in der Guiding-Software vorgesehene Kalibrierungsroutine. Diese wird durch motorische Bewegungen der Montierung veranlassen, dass der Leitstern verschoben wird. Dadurch „lernt" die Software, in welche Richtung und um welchen Betrag der Stern bewegt wird, wenn die Steuerbefehle „Stundenachse vor", „Stundenachse zurück", „Deklination auf" und „Deklination ab" gegeben werden. Werte sein, 10 Sekunden ist aber ein guter Anfangswert. Beobachten Sie während des Kalibrierungsprozesses, wie weit der Stern aus seiner ursprünglichen Lage ausgelenkt wird. Es sollte weit genug sein, damit die Software eine deutliche Positionsveränderung feststellen kann, aber nicht so weit, dass er aus dem Gesichtsfeld herausgeschoben wird oder andere helle Sterne im Gesichtfeld auftauchen, die für Irritationen sorgen. Es werden einige Anläufe nötig sein, um die beste Einstellung zu finden.

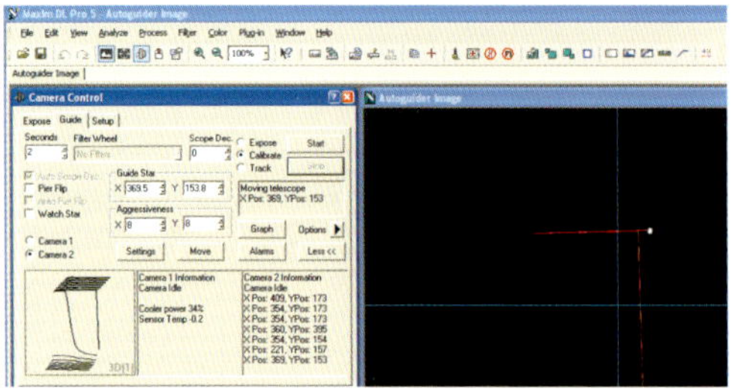

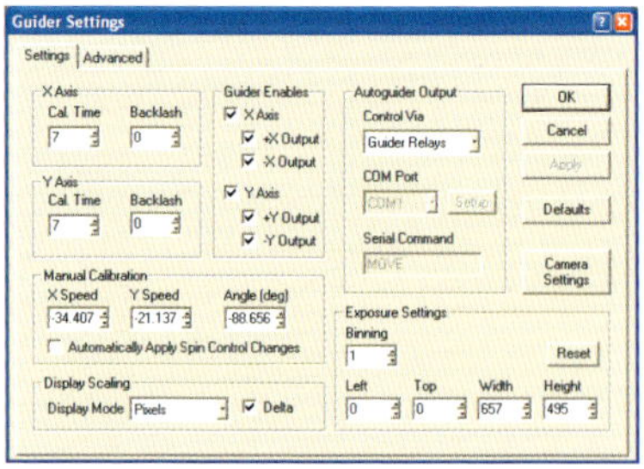

Üblicherweise läuft der Kalibrierungsvorgang so ab, dass die Stundenachse zunächst in eine Richtung bewegt wird. Dann erfolgt eine Belichtung und die neue Sternposition wird vermessen. Danach wird die Achse um den gleichen Betrag in die andere Richtung gesteuert und erneut die Sternposition festgestellt. Idealerweise landet der Stern wieder am Ausgangspunkt, in der Praxis jedoch durch das Spiel im Antrieb nur in dessen Nähe. Die Kalibrierungssoftware kann dadurch auch das Spiel des Antriebs feststellen. Die gleiche Vor- und Rückwärtsbewegung findet anschließend auch für die Deklinationsachse statt. Dann ist der Kalibrierungsvorgang abgeschlossen und die Software „weiß" nun, welche Steuerbefehle zu geben sind, um eine Drift in eine bestimmte Richtung zu kompensieren.
Der Kalibrierungsvorgang ist eine kritische Phase. Beispielsweise können Sie die Dauer bestimmen, während der die Achsen bei der Kalibrierung in eine Richtung laufen sollen. Je nach Brennweite können das unterschiedliche

Der Kalibrierungsprozess muss immer dann erneut durchgeführt werden, wenn das Fernrohr auf eine Himmelsregion mit einer anderen Deklination geschwenkt wird oder wenn die Guiding-Kamera herausgenommen und in einer etwas anderen Orientierung, also vielleicht leicht gedreht, wieder eingesetzt wird. Manche Guider-Lösungen erfordern, dass Sie die Kamera so ausrichten, dass Pixelreihen und -spalten der Bewegungsrichtung um Stunden- und Deklinationsachse entsprechen. Doch auch bei Systemen, bei denen der Winkel beliebig ist, ist eine achsgerechte Ausrichtung zu bevorzugen.

9. Nach erfolgreichem Absolvieren des Kalibrierungsprozesses bewegen Sie – wenn nötig – den Leitstern mit den Tasten der Handsteuerbox wieder zurück in eine zentrale Region des Aufnahmefeldes, geben der Software den gewünschten Guide-Stern bekannt und starten den Guiding-Prozess. Wenn alles geklappt hat, werden Abweichungen des Leitsterns von seiner ursprünglichen Position ab sofort mit einer

Gegenbewegung der Montierung beantwortet, d. h. die Software sorgt ab diesem Moment dafür, dass der Stern immer wieder an seine Sollposition zurückgeholt wird.
Geben Sie dem System etwas Zeit, indem Sie bis zu zehn Belichtungen abwarten, bis es die anfangs möglicherweise auftretenden Unregelmäßigkeiten überwunden hat und sich ein stabiler Zustand eingestellt hat. Jetzt ist der Punkt erreicht, um eine Aufnahme zu starten.

10. Lassen Sie den Guider, nachdem er zum ersten Mal seinen Dienst tut, ruhig einmal über eine halbe oder eine volle Stunde laufen und beobachten Sie den Guiding-Prozess. Später können Sie in Ihrer Software nachschauen, welche Parameter die Wirkungsweise möglicherweise verbessern. So gibt es z. B. ein Feld „Aggressiveness", mit dem Sie die Vehemenz, mit der der Guider Abweichungen korrigieren soll, bestimmen können. Ein zu hoher Wert kann zu Überkorrekturen führen, dann schaukelt sich das System auf und der Leiststern wird hektisch hin- und herbewegt.

Autoguider am Leitfernrohr Die größte Herausforderung wartet auf Sie, wenn Sie die Kamera im Primärfokus Ihres Fernrohrs anbringen und das Fernrohr als Aufnahmeoptik verwenden. Dann stellt sich die Frage nach einer zweiten Optik, an die der Autoguider angeschlossen wird. Zu empfehlen ist ein separates Leitfernrohr, das möglichst solide auf dem Hauptfernrohr montiert wird. Das muss nicht zwingend ein besonders hochwertiges Fernrohr sein, aber eine stabile Ausführung des Okularauszugs ist wichtig, denn dieser darf während der Nachführkontrolle nicht wackeln.
Die Brennweite des Leitfernrohrs sollte nicht zu kurz sein, sonst ist die erforderliche Präzision beim Guiding nicht zu erreichen. Allerdings darf sie ruhig auch etwas kürzer als die Brennweite des Aufnahmeinstruments sein, denn eine Guiding-Software kann Abweichungen des Leitsterns im Subpixelbereich erkennen und korrigieren. Besser als ein mächtiges, schweres Leitfernrohr ist im Zweifelsfall die Verwendung einer Barlow-Linse, um die Brennweite des Leitfernrohrs zu steigern.
Starten Sie bei der fokalen Fotografie nicht mit einer zu langen Brennweite. Viele Objekte lassen sich mit 500 Millimeter Brennweite vorteilhaft ablichten, ohne dass dabei das Guiding zu einem unlösbaren Problem wird. Die Nachführung mit Guiding bei einer Brennweite von 2000 Millimeter stellt selbst für erfahrene Astrofotografen nach wie vor eine Herausforderung dar, an die Sie sich erst mit wachsender Erfahrung herantasten sollten.

TIPP: Kein Off-Axis-Guider

Um ein Leitfernrohr einzusparen, bietet der Handel sogenannte „Off-Axis-Guider" an, die einen Spiegel enthalten und einen Teil des Lichts am Rande des Gesichtsfeldes für das Guiding auslenken. Von der Verwendung eines solchen Geräts würde ich abraten, denn damit gerät die Suche nach einem Leitstern meist zu einem Abenteuer mit ungewissem Ausgang.

Am Hauptfernrohr ist hier die Kamera angebracht, am aufgesattelten Leitfernrohr der Autoguider.

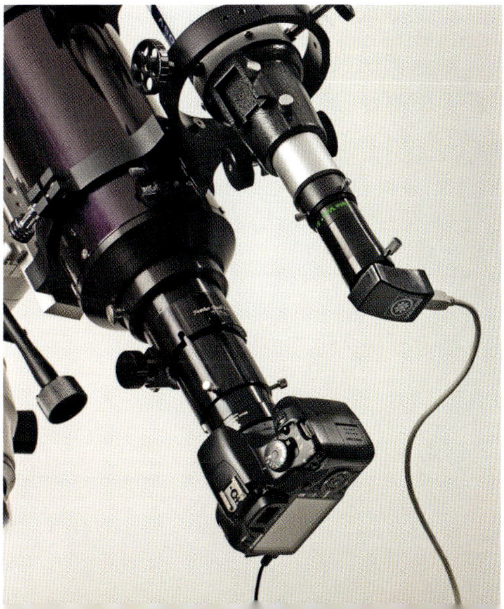

Bildbearbeitung

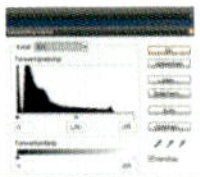

In diesem Kapitel lernen Sie, wie Sie ein digitales Foto „entwickeln" und wie Sie durch die Aufnahmetechnik erzeugte Strukturen in Ihren Bildern eliminieren können. Außerdem erhalten Sie zahlreiche Tipps und Tricks für die nachträgliche Bildbearbeitung am Computer.

Das „Entwickeln" einer RAW-Datei

Viele astronomische Motive verfügen über einen enormen Kontrastumfang. Um die Fähigkeiten einer digitalen Spiegelreflexkamera auszuschöpfen und ein optimales Bildergebnis zu erreichen, ist daher das RAW-Format beim Fotografieren dem JPG-Format weit überlegen.

Einlesen von RAW-Dateien Photoshop enthält bereits einen leistungsfähigen Konverter, um RAW-Dateien einlesen zu können. Dieses Modul nennt sich „Adobe Camera Raw" und erscheint automatisch, sobald Sie in Photoshop eine RAW-Datei, die bei Canon den Dateisuffix „CR2" trägt, öffnen. Durch Programmupdates (Photoshop-Befehl „Hilfe/Aktualisierungen...") können Sie sicherstellen, dass auch RAW-Dateien von neu auf dem Markt erscheinenden Kameramodellen lesbar sind.

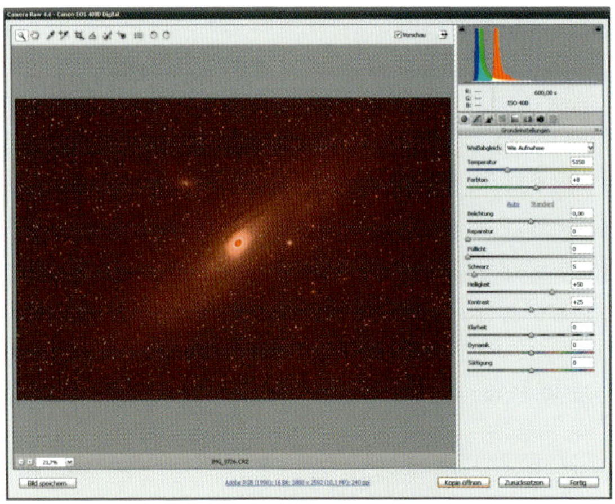

Bit-Tiefe Für Astrofotos unabdingbar ist, dass das RAW-Foto in eine 16-Bit-Datei umgewandelt wird. Dazu klicken Sie in dem „Camera Raw"-Modul auf den blau unterstrichenen Link und wählen im erscheinenden Dialogfeld bei „Tiefe" den Eintrag „16 Bit/Kanal" aus. Danach klicken Sie auf die zwei kleinen, schwarzen Pfeilchen oberhalb des angezeigten Histogramms (Abb. links), um in der Bildvorschau Unterbelichtungswarnungen in blauer Farbe, Warnungen vor Überbelichtungen in roter Farbe anzuzeigen.

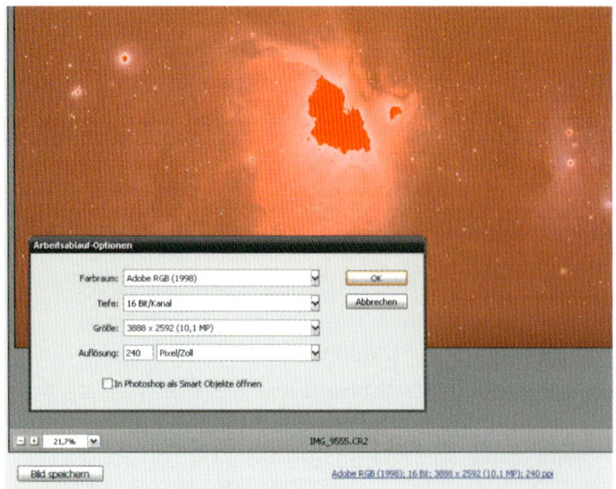

Durch Registerkarten des „Camera Raw"-Moduls können Sie nun eine ganze Fülle von Bildparametern ändern, verbessern und beeinflussen. Konzentrieren Sie sich dabei auf die folgenden Punkte.

Weißabgleich, Belichtungskorrektur Registerkarte „Grundeinstellungen": Hier haben Sie die Möglichkeit, den Weißabgleich zu verändern.

Wählen Sie entweder einen in dem Listenfeld vorgegebenen Begriff (z. B. „Tageslicht"), oder verschieben Sie die Regler „Temperatur" und „Farbton", bis Ihnen das Foto in der Vorschau farblich zusagt. Beobachten Sie während des Verschiebens auch das Histogramm oben rechts in der Anzeige!

Danach können Sie durch den Regler „Belichtung" eine eventuelle Fehlbelichtung innerhalb gewisser Grenzen korrigieren. Mit „Reparatur" lassen sich leicht überbelichtete Bereiche, etwa das Zentrum heller Sterne, „retten". Der Regler „Schwarz" hingegen kann unterbelichtete Bereiche selektiv anheben, wenn Sie ihn nach links ziehen.

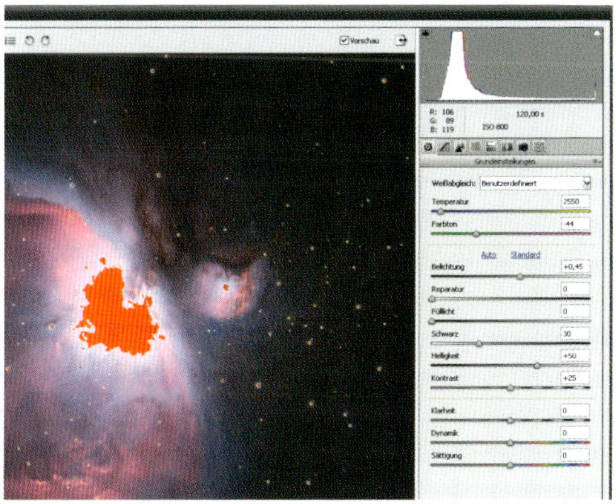

Nachschärfung, Rauschreduzierung Registerkarte „Details": Hier können Sie die Nachschärfung und die Rauschreduzierung des Bildes steuern. Bei der Nachschärfung empfiehlt es sich bei vielen Sternaufnahmen, den Regler „Betrag" ganz nach links zu ziehen, um keine Schärfung durchzuführen, denn die Sternränder werden durch eine Nachschärfung oft unansehnlich. Die Rauschreduzierung ist aufgeteilt in „Luminanz" und „Farbe", d. h. Sie können hier Luminanz- und Farbrauschen separat behandeln.

Um den Effekt einer Schärfung und einer Rauschreduzierung beurteilen zu können, sollten Sie einen Teil des Bildes in „100 %" Größe in dem Vorschaufenster sehen. Klicken Sie dazu links unterhalb des Bildes auf das Listenfeld, in dem anfangs eine Prozentzahl steht, die vermutlich kleiner als 100 ist. Danach können Sie mit der „Hand" (links oben) den sichtbaren Bildbereich verschieben.

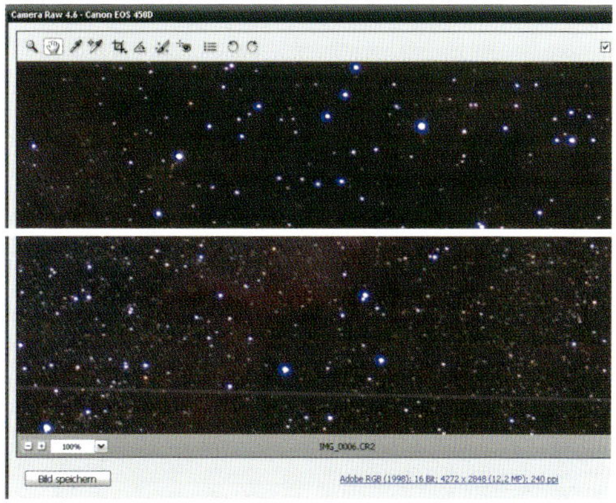

Vignettierung beseitigen Registerkarte „Objektivkorrekturen": Zoomen Sie am besten wieder aus, um das ganze Bild zu sehen („in Ansicht" statt „100 %"). Dann können Sie vielleicht eine Abdunklung der Bildecken erkennen, die als „Objektiv-Vignettierung" bezeichnet wird und sich in dieser Registerkarte beseitigen lässt. Verwenden Sie die Schieberegler „Stärke" und „Mit-

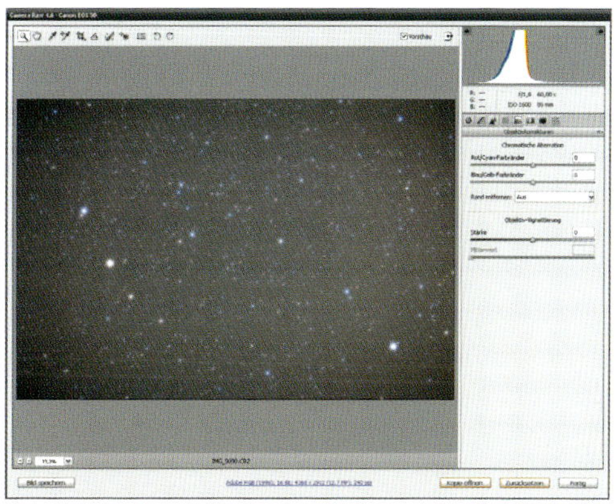

tenwert", um Ihr Bild optimal zu korrigieren. Der Bereich „Chromatische Aberration" ist dann interessant, wenn die Sterne in den Bildecken farbige Ränder aufweisen. Um das zu kontrollieren, ist wieder das Einzoomen auf 100 % sinnvoll.

Speichern der Einstellungen Wenn alle Korrekturen vorgenommen wurden, öffnen Sie das Bild mit der Schaltfläche „Bild öffnen". Photoshop legt dann in dem gleichen Ordner, in dem die RAW-Datei gespeichert ist, eine weitere Datei mit dem Suffix „xmp" ab. Diese enthält alle von Ihnen festgelegten Einstellungen von „Adobe Camera Raw" bezüglich dieses Bildes. Wenn Sie die RAW-Datei also später wieder einmal öffnen, müssen Sie nicht alle Einstellungen erneut durchführen.

TIPP: Grundbearbeitungsschritte speichern

Eine „Grundkonfiguration" des „Camera Raw"-Moduls können Sie permament abspeichern, entweder als spezielles Profil für bestimmte Aufnahmen oder auch als generelle Grundeinstellung. Klicken Sie dazu in der Leiste der Registerkarten rechts auf das kleine Symbol, dort gibt es die Befehle „Einstellungen speichern…" (s. Abbildung unten).

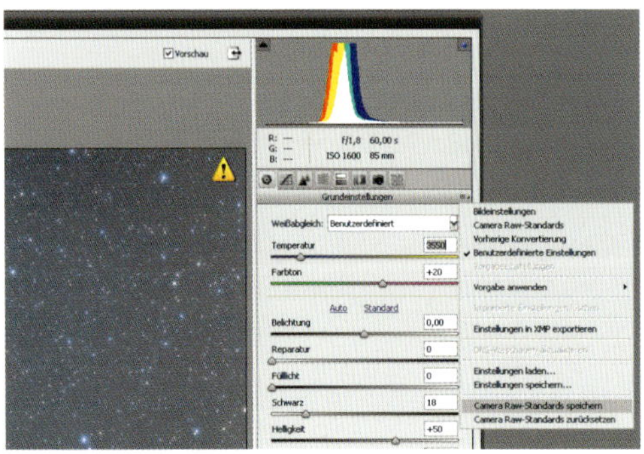

Erstellung von Dunkelbildern

Dunkelbilder, oft auch „Darkframes" genannt, werden aufgenommen, ohne dass der Sensor tatsächlich belichtet wird, also bei aufgesetztem Objektivdeckel. Bei einer theoretisch perfekten Kamera wäre ein absolut schwarzes Bild zu erwarten. Nicht jedoch in der Realität, denn alle aktuell verwendeten Aufnahmesensoren produzieren auch dann ein Signal, wenn kein Licht auftrifft. Dieses Signal ist unerwünscht und wird als „Rauschen" bezeichnet. Es hat verschiedene Ursachen, die sich addieren.

Rauschanteile einer Aufnahme Ein Dunkelbild soll den systematischen Rauschanteil erfassen, der dann vom eigentlichen Foto subtrahiert und damit eliminiert wird. Das funktioniert nur dann, wenn man davon ausgehen darf, dass das Rauschen eines Dunkelbildes identisch ist mit dem Rauschen in der Aufnahme. Hundertprozentig trifft das in keinem Fall zu, denn das Rauschen enthält auch eine statistische, variable Komponente. Glücklicherweise ist der überwiegende Teil des Rauschens jedoch systematisch und reproduzierbar.

Maßgeblich handelt es sich um das sogenannte thermische Rauschen, verursacht durch temperaturbedingte Prozesse auf dem Sensor und das Ausleserauschen, das durch die Ausleseelektronik nach der Aufnahme erzeugt wird. Die Stärke des Rauschens ist abhängig von drei Faktoren:

1. Belichtungszeit
2. Temperatur
3. Eingestellter ISO-Zahl

Der Rauschanteil steigt mit der Länge der Belichtungszeit, bei höherer Temperatur und wachsender ISO-Zahl.

Erstellen eines Darkframes Damit der Dunkelbildabzug eine Rauschverringerung erbringt, müssen alle drei Faktoren möglichst mit denen des eigentlichen Fotos übereinstimmen. Wird beispielsweise ein Foto einer Galaxie fünf Minuten lang bei ISO 800 belichtet, müssen diese Einstellungen auch für das dazugehörige Dunkelbild gelten. Um eine möglichst gleich bleibende Temperatur sicherzustellen, sollte das Dunkelbild unmittelbar vor oder nach der Himmelsaufnahme erstellt werden, zumindest jedoch in zeitlicher Nähe. Der Faktor Temperatur ist recht kritisch, denn der Aufnahmesensor erwärmt sich im Dauerbetrieb. Mehrere Grad Celsius kann der Temperaturanstieg betragen, wenn eine Langzeitbelichtung nach der nächsten erfolgt. Allerdings steigt die Temperatur nicht kontinuierlich weiter, sondern nähert sich einem Maximalwert.

Theoretisch ist das zu berücksichtigen, entweder durch Pausen zwischen den Aufnahmen zum Abkühlen des Sensors oder durch Dunkelbilder, die bei gleicher Sensortemperatur aufgenommen werden. In der Praxis jedoch zeigt sich, dass auch ein anfangs erstelltes Dunkelbild mit noch kaltem Sensor gut zur Kalibrierung von Aufnahmen verwendet werden kann, bei denen der Sensor schon „heißgelaufen“ war. Akzeptiert man diese Einschränkung, kann ein einmal aufgenommenes Dunkelbild für eine ganze Aufnahmeserie verwendet werden. Wenn Sie etwa zwanzig Aufnahmen der Galaxie machen und jede davon fünf Minuten lang belichten, brauchen Sie nur ein Dunkelbild, im Idealfall erstellt in der Mitte der Aufnahmeserie. Wenn Sie eine ganze Nacht lang Aufnahmen machen, ist damit zu rechnen, dass die Außentemperatur absinkt. Dann kann es sich lohnen, nach jeder Stunde ein aktuelles Dunkelbild anzufertigen.

Ein Dunkelbild dient der Eliminierung des systematischen Rauschanteils einer Aufnahme.

Ist ein Master-Darkframe nötig? Steigern lässt sich der Erfolg des Dunkelbildabzugs, wenn nicht nur ein, sondern mehrere Dunkelbilder aufgenommen werden. Von dieser Dunkelbildserie wird danach ein statistisches Mittel errechnet und als „Master-Dunkelbild“ schließlich von den Himmelsaufnahmen subtrahiert. Mit diesem Verfahren werden der statistisch schwankende Rauschanteil und der Temperaturunterschied durch die Sensorerwärmung berücksichtigt. Je mehr Dunkelbilder man mittelt, desto besser wird das Ergebnis ausfallen.

In der Praxis ist der effektive Nutzen aber eher ein geringer. Ich selbst begnüge mich daher meist mit einem einzigen Dunkelbild, weil ich den Aufwand für mehrere Dunkelbilder in keinem angemessenen Verhältnis zum Qualitätszuwachs sehe.

Automatische Rauschreduzierung Bei vielen Spiegelreflexkameras lässt sich im Menü eine automatische Rauschreduzierung bei Langzeitbelichtungen aktivieren (s. auch Seite 11). Wenn Sie diese Einstellung verwenden, erstellt die Kamera nach jeder Aufnahme automatisch ein Dunkelbild und subtrahiert dieses von der Aufnahme. Das bedeutet, dass nach jeder Aufnahme die Kamera für die Dauer der Belichtungszeit nicht zu verwenden ist, weil sie ja mit der Gewinnung des Dunkelbildes beschäftigt ist. Die Hälfte der Beobachtungszeit einer Nacht geht verloren, andererseits erspart man sich das nachträgliche Abziehen des Dunkelbildes. Von den Fotos, bei denen die Kamera bereits ein Dunkelbild abgezogen hat, darf hinterher kein weiteres Dunkelbild mehr subtrahiert werden. Wenn Sie separate Dunkelbilder aufnehmen, muss die automatische Rauschreduzierung der Kamera daher ausgeschaltet werden!

Aussehen eines Darkframes Dunkelbilder (s. S. 127) wirken auf den ersten Blick schwarz, zeigen aber bei genauer Betrachtung helle und auch farbige Pixel oder Pixelgruppen. Zusammen mit den Hellfeldbildern (siehe rechte Seite) werden Dunkelbilder benötigt, um die Himmelfotos zu kalibrieren. Unter der Kalibrierung versteht man die Beseitigung möglichst vieler artifizieller Signale im Bild, die nicht vom fotografierten Objekt stammen, sondern durch die verwendete Technik entstehen.

Achtung: Immer RAW! Ein Dunkelbildabzug ist nur dann erfolgversprechend, wenn sowohl die Fotos als auch die Dunkelbilder im RAW-Format erstellt werden und verrechnet werden, *bevor* eine Bildverarbeitungssoftware aus dieser RAW-Datei ein Farbbild interpoliert hat. Um eine RAW-Datei ohne Interpolation des Farbbildes öffnen zu können, benötigen Sie eine spezielle Software. Mit der Kamera gelieferte Programme oder Photoshop helfen in diesem Fall nicht weiter. Wie die Kalibrierung funktioniert und welche Softwareprodukte hierfür sinnvoll sind, wird auf Seite 129ff beschrieben.

Erstellung von Hellfeldbildern

Hellfeldbilder, die auch „Flatframes" genannt werden, dienen – zusammen mit den Dunkelbildern (s. Seite 126ff) – zur Kalibrierung Ihrer Himmelsfotos. Das bedeutet, sie tragen dazu bei, unerwünschte Signale, die nicht vom fotografierten Objekt stammen, zu eliminieren.

Vignettierung und Schmutz Hellfeldbilder werden benötigt, wenn Himmelsaufnahmen unter Vignettierung leiden, wenn also die Bildecken merklich dunkler sind als die Bildmitte. Das ist bei der Verwendung fast aller Foto- und Fernrohroptiken der Fall, solange man nicht stark abblendet. Außerdem können mit Hellfeldbildern jene dunklen, mehr oder weniger großen Flecken bekämpft werden, die durch unvermeidbare Schmutzpartikel im Strahlengang entstehen. Liegen solche Partikel auf dem Aufnahmesensor, werden sie relativ klein, aber scharf abgebildet (vgl. Seite 16ff). Schmutz auf den Linsen oder Spiegeln der Aufnahmeoptik führt zu größeren, dunkleren, kreisförmigen Flächen im Bild, die bei Spiegelteleskopen auch ringförmig sein können.

Erstellen eines Flatframes Aufgenommen werden Hellfeldbilder, indem eine möglichst gleichmäßig hell beleuchtete Fläche mit der gleichen Optik fotografiert wird, mit der auch die Himmelsaufnahmen gewonnen wurden. Stellen Sie dazu die ISO-Zahl auf den niedrigsten Wert (z. B. ISO 100) und belichten Sie so, dass der Höhepunkt des Histogramms (s. auch S. 135ff) etwa in der Mitte liegt (s. Abbildung). Über-

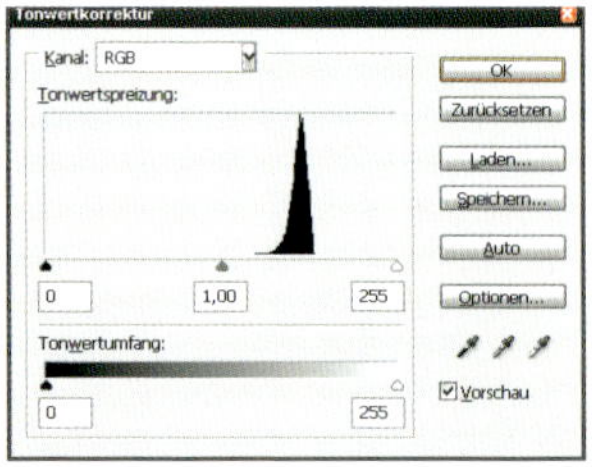

Halbtransparenter Vorsatz zur Erzeugung eines Flatframes.

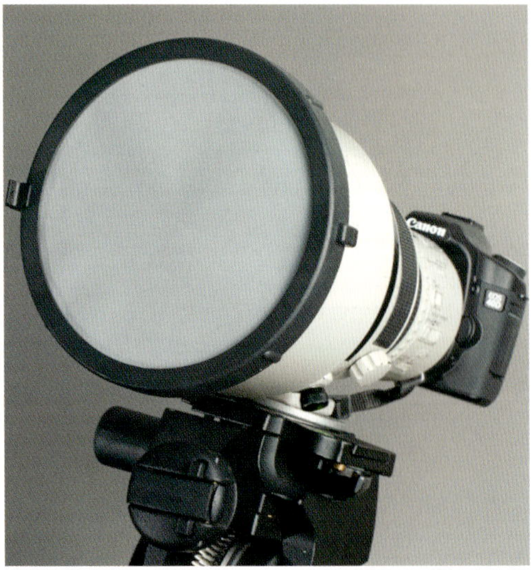

Praxistipps zum „Flatten“

Wer immer mit der gleichen Aufnahmeoptik arbeitet, für den lohnt sich unter Umständen der Selbstbau einer Lichtbox, die eine diffus beleuchtete Fläche vor der Optik erzeugt und reproduzierbare Resultate garantiert. Ich arbeite mit einem weißen Stoff, den ich mittels eines Gummibandes vor ein Objektiv spanne. Die Beleuchtung erfolgt dann durch ein von der Kamera getrenntes Blitzgerät oder eine Taschenlampe. Der Vorteil dieser Lösung ist, dass sie bei geringem Materialaufwand mit allen Fernrohren und Objektiven zusammen funktioniert. Alternativ können Sie „Sky-Flats“ machen, indem Sie bei abgeschalteter Nachführung den Dämmerungshimmel fotografieren. Die eventuell sichtbaren Sterne oder Sternspuren verschwinden, wenn Sie mehr als drei solche Aufnahmen machen und diese dann mit der Funktion „Median“ mitteln.

belichtete Bereiche, die durch ein Anschlagen des Histogramms auf der rechten Seite erkennbar sind, müssen unbedingt vermieden werden, ebenso starke Unterbelichtung. Erstaunlich gute Resultate liefert die simple Verwendung der Zeitautomatik.

Hellfeldbilder müssen mit unveränderter Konfiguration erzeugt werden, mit der auch die Himmelsfotos gemacht wurden. Schärfe und Blende dürfen nicht verstellt werden. Auch darf die Kamera nicht vom Fernrohr abmontiert und ein angesetztes Objektiv darf nicht von der Kamera genommen werden, bevor das Hellfeldbild erstellt wurde. Selbst kleinste Differenzen, wie sie beim erneuten Anschließen unweigerlich auftreten würden, hätten zur Folge, dass

Ein Flatframe zeigt Vignettierung und Schmutzpartikel im Strahlengang.

abgebildeter Schmutz der Aufnahmeoptik eine andere Position einnehmen würde als auf den Himmelsaufnahmen. Dann würde ein Hellfeldbild den eigentlichen Aufnahmen mehr schaden als nutzen.

Aussehen eines Flatframes Das Ergebnis ist in jedem Fall ein mehr oder weniger gleichmäßig helles bzw. graues Foto, auf dem es weder unter- noch überbelichtete Bereiche gibt. Allenfalls der Lichtabfall in den Bildecken und dunklere Flecken, verursacht durch Schmutzpartikel im Strahlengang, sind auf einer Hellfeldaufnahme zu sehen.

Kalibrierung der Fotos

Um zu verstehen, wie die Verarbeitung von Dunkel- und Hellfeldbildern zu erfolgen hat, ist ein kleiner Exkurs in die Sensortechnik der DSLRs hilfreich.

Entstehung eines Farbbildes Farbfotos können entstehen, weil die einzelnen Pixel des Aufnahmesensors mit winzigen Farbfilterchen versehen sind. Von vier Pixeln sind zwei mit einem Grünfilter ausgestattet, einer mit einem Rot- und einer mit einem Blaufilter. Das charakteristische Filtermuster wird als „Bayer-Matrix“ bezeichnet. Der Sensor liefert nach der Belichtung und dem Auslesen der Daten primär ein Schwarzweißbild, das anschließend von einer Software in ein Farbbild umgewandelt wird. Die Software muss „wissen", welche Farbe die Filter vor den einzelnen Pixeln haben, um realistische Farben rekonstruieren zu können. Als Endergebnis entsteht ein Farbbild in der vollen Auflösung des Sensors, so dass eine Interpolation der Farbinformationen erfolgen muss. Ein Pixel mit einem Grünfilter z. B. enthält keine Informationen, wie hell das Motiv im Rot- oder Blaubereich war. Diese fehlenden Daten werden aus den umgebenden Pixeln hergeleitet, also errechnet, und müssen der Realität nicht zwingend entsprechen.

Die Fotos eines Himmelsobjektes enthalten natürlich völlig andere Strukturen als ein Dunkel- oder Hellfeldbild. Öffnet man diese Fotos in einem normalen Bildbearbeitungsprogramm wie z. B. Photoshop, erfolgt die Umwandlung in ein Farbbild automatisch. Das hat zur Konsequenz, dass die Informationen auf Pixelebene durch Interpolation verloren gehen. Nach der Interpolation ist eine Kalibrierung durch Dunkel- oder Hellfeldbilder also nicht mehr möglich und führt zu fehlerhaften Resultaten. Folglich sind Programme wie Photoshop nicht dazu in der Lage, die Kalibrierung durchzuführen. Umgekehrt sind kalibrierte Aufnahmen keine RAW-Dateien mehr, sie können also nicht mehr mit dem „Camera-Raw"-Modul entwickelt werden (s. S. 124f).

Geeignete Software zur Kalibrierung Grundsätzlich ist eine Kalibrierung nur möglich, wenn sowohl die Himmelsaufnahmen als auch die Dunkel- und Hellfeldbilder im RAW-Format aufgenommen wurden. Fotos im JPG-Format kommen bereits farbinterpoliert aus der Kamera, wobei das ursprünglich vom Sensor ausgelesene Schwarzweißbild verloren geht und auch nicht mehr herstellbar ist. Nur spezielle Softwareprodukte sind dazu imstande, die RAW-Datei einer DSLR zu öffnen, ohne eine Farbinterpolation durchzuführen. Beispielsweise ermöglichen das die im Kasten links unten aufgeführten Softwarepakete.

Durchführung der Kalibrierung Am Beispiel von *MaxIm DSLR* wird nun eine Musterkalibrierung durchgeführt:

1. Die Himmelsaufnahme (RAW-Format) wird geöffnet, wobei die Option „Convert to Color" unbedingt abgewählt werden muss! Folgerichtig erscheint das Foto dann in schwarzweiß.

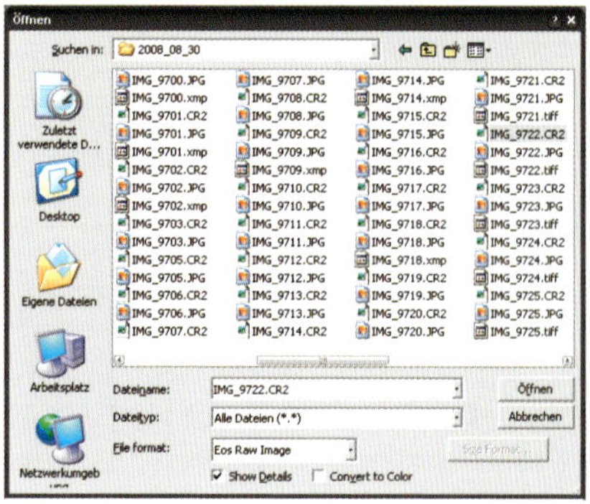

2. Mit dem Befehl „Process/Set Calibration..." fügen Sie eine Gruppe „DARK" für die Dunkelbilder und eine Gruppe „FLAT" für die Hellfeldbilder hinzu.

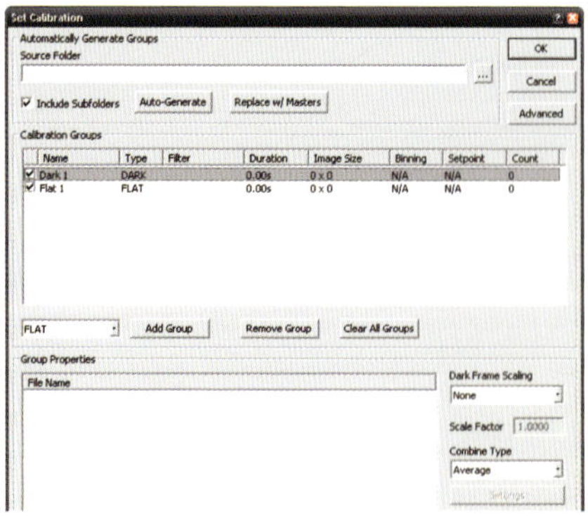

Software zur Bildkalibrierung

Geeignet sind beispielsweise folgende Programme:
MaxIm DSLR, ImagesPlus, IRIS, Fitswork.
S. auch Anhang Seite 141.

3. In jede dieser beiden Gruppen nehmen Sie mit dem Knopf „Add“ Ihre erstellten Dunkel- und Hellfeldbilder auf (ebenfalls RAW-Dateien). Mit „OK“ schließen Sie diesen Vorgang ab.

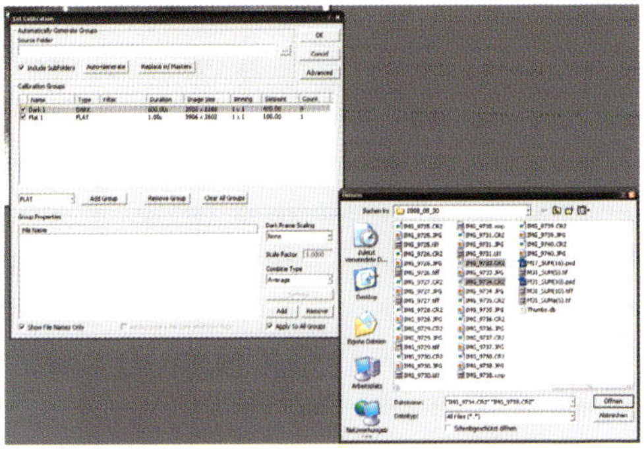

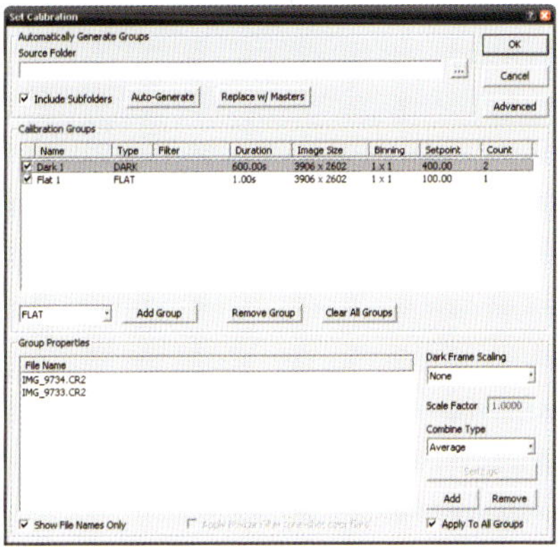

4. Der Befehl „Process/Calibrate“ nimmt nun die Kalibrierung vor.

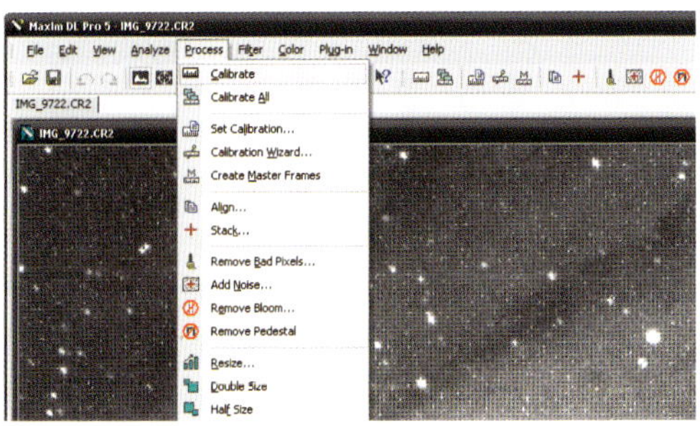

5. Erst jetzt darf das Foto in ein Farbfoto umgerechnet werden. Das geschieht nach dem Befehl „Color/Convert Color…“. Da die Farbfilter vor den Pixeln auf dem Sensor nicht immer in der gleichen Reihenfolge aufgebracht sind, muss in der Software der richtige Kameratyp ausgewählt werden. Fehlt das passende Kameramodell in der Liste, können Sie die Felder „Offsets“ X und Y mit einer Null oder einer Eins belegen, um eine farbrichtige Aufnahme zu erhalten. Im Zweifelsfall lässt sich anhand einer normalen Tageslichtaufnahme die richtige Stellung dieser Schalter für Ihre Kamera empirisch ermitteln.

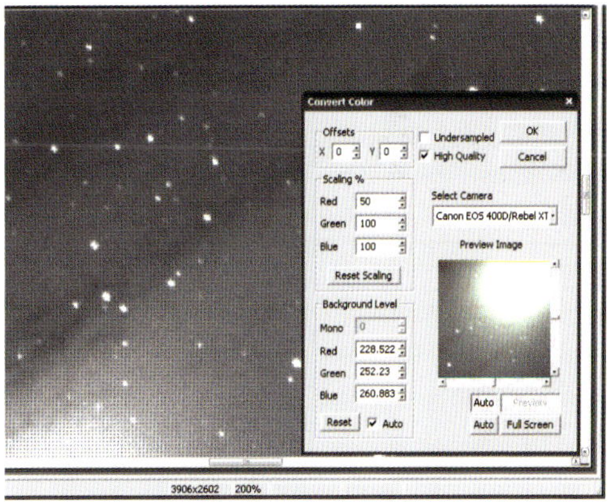

6. Das fertige Farbbild kann schließlich verlustfrei im TIF-Format gespeichert werden.

Tipps & Tricks für die Bildbearbeitung

Eine adäquate Form der elektronischen Bildverarbeitung ist ein unverzichtbarer Bestandteil auf dem Weg zum gelungenen Himmelsfoto. Von manipulativen, fragwürdigen Eingriffen möchte ich nicht berichten, sondern nur von der weiteren „Entwicklung“ der digitalen Rohbilder.

Warum Bildbearbeitung? Ziel der Bearbeitung ist es, alle in den Aufnahmedaten enthaltenen Informationen sichtbar zu machen. Das bedeutet die Steuerung von Helligkeit, Kontrast,

Ohne eine adäquate Bildverarbeitung blieben die lichtschwachen Spiralarme dieser Galaxie fast unsichtbar.

Farbwiedergabe, Gradation und partielle Aufhellungen oder Abdunklungen. Würde man jegliche Form der Bildverarbeitung ablehnen, gäbe es von vielen Galaxien keine einzige Fotografie, die sowohl den strukturierten Kern als auch die lichtschwachen Spiralarme gleichzeitig zeigt.

Sind „Kochrezepte" möglich? Kochrezeptartige Anleitungen wird es in dieser Form nie geben, zu unterschiedlich sind die aufgenommenen Motive, das gewonnene Bildmaterial und die individuellen Vorstellungen. Es geht daher darum, eine überschaubare Menge an grundlegenden Techniken zu erlernen und diese in ihrer Funktionsweise zu verstehen. „Kochrezepte", die meine eigene Verarbeitung von vier in diesem Buch vorgestellten Motiven beschreiben, finden Sie jedoch unter www.astromeeting.de/himmelsfotografie.htm.

Viele Bearbeitungsmethoden hängen von den aufgenommenen Motiven ab und sind deshalb in den entsprechenden Kapiteln untergebracht. Doch es gibt auch einige Themen, die von grundsätzlichem Interesse sind. Auf diese möchte ich mich in der folgenden Auflistung beschränken.

Dateiformate Digitalfotos können in unterschiedlichen Formaten gespeichert werden. In Photoshop bietet der Befehl „Datei/Speichern unter..." die Auswahl zahlloser Formate. Wichtig davon sind die Folgenden:

1. Das PSD-Format
ist ein verlustfreies Format, bei dem alle Bildinformationen enthalten bleiben. Bei Dateien, in denen mehrere Ebenen existieren, bleiben auch diese bestehen, um sie vielleicht zu einem späteren Zeitpunkt weiterzuverarbeiten. Das PSD-Format eignet sich hervorragend, um bearbeitete Rohbilder zu archivieren. Allerdings können andere Bildbearbeitungsprogramme das Format oftmals nicht lesen.

2. Das TIF-Format
arbeitet ebenfalls verlustfrei, d.h. auch Fotos im TIF-Format können nachträglich weiterbearbeitet werden. Der Vorteil gegenüber dem PSD-Format ist, dass TIF weitgehend standardisiert ist und auch von anderen Programmen eingelesen werden kann. Selbst mehrere Bildebenen bleiben bei TIF erhalten, wenn Sie das beim Abspeichern angeben.

3. Das JPG-Format
ist als Endprodukt anzusehen, bei dem keine weitere Bearbeitung mehr vorgenommen wird. Beispielsweise wird JPG für die Darstellung im Internet benutzt, bei der es weniger um das letzte Quäntchen Qualität geht, sondern eher um die Reduktion der Datenmenge. Gegenüber PSD und TIF arbeitet JPG mit einer mehr oder weniger starken Komprimierung der Bilddaten. Diese Komprimierung geht einher mit einem unwiederbringlichen Verlust an Bildinformationen. Den Grad der Komprimierung kann man beim Speichervorgang durch Werte zwischen 0 und 12 auswählen. 0 erzeugt sehr kleine Dateien, aber sichtbare Informationsverluste. Bei der Einstellung „12" halten sich die Verluste in Grenzen zulasten der Dateigröße. Doch selbst mit dem Komprimierungsgrad 12 gespeicherte JPG-Datei-

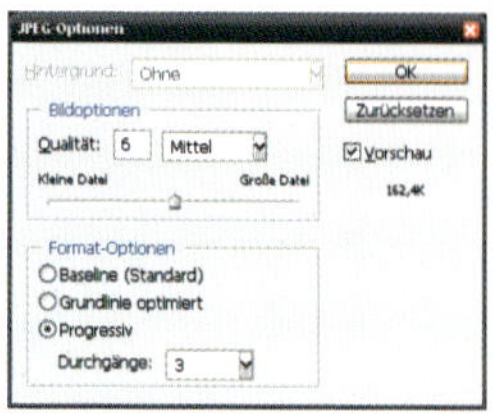

en sind bedeutend kleiner als ein Bild im PSD- oder TIF-Format. Speichern Sie das Endergebnis Ihrer Bildbearbeitung keinesfalls nur im JPG-Format, sondern bewahren Sie unbedingt auch eine verlustfreie Variante (PSD oder TIF) auf.

4. Das RAW-Format
ist ihr „digitales Negativ", wenn Sie an der DSLR dieses Format eingestellt haben, was sich bei Himmelsaufnahmen grundsätzlich empfiehlt. Canon verwendet dafür die Endung „CR2". RAW kann von Photoshop nicht geschrieben, sondern nur gelesen werden. Das ist ein zuverlässiger Schutz vor versehentlichem Überschreiben. Bewahren Sie von wichtigen Bildern immer die RAW-Dateien auf, um sie gegebenenfalls zu einem späteren Zeitpunkt erneut zu bearbeiten. Es ist erstaunlich, was man mit wachsender Erfahrung bei der Bildbearbeitung aus „alten" Fotos noch herausholen kann.

Bit-Tiefe Digitalfotos können mit einer unterschiedlichen Zahl von „Bits pro Pixel" abgespeichert werden. Damit wird festgelegt, wie viele unterschiedliche Farbtöne für den Rot-, Grün- und Blaukanal differenziert werden. „8 Bit" bedeutet, dass jedes Pixel des Bildes 2^8, also 256 verschiedene rote, grüne und blaue Farben enthalten kann. Daraus können rund 16,8 Millionen verschiedene Farben gebildet werden. Photoshop kann aber auch Bilder im 16-Bit-Format verarbeiten, was bedeutet, dass bedeutend mehr Farbnuancen möglich sind, nämlich 2^{16} = 65 536 pro Farbkanal! Für ein endgültig bearbeitetes Foto reichen 8 Bit aus, nicht aber als Ausgangsbasis für eine intensive Bearbeitung. Aktuelle digitale Spiegelreflexkameras sind in der Lage, 12 oder sogar 14 Bit pro Pixel und Farbkanal zu erfassen, allerdings nur in Form einer RAW-Datei. Das JPG-Format ist grundsätzlich auf 8 Bit pro Pixel begrenzt – schon aus diesem Grunde sollte an der Kamera RAW und nicht JPG eingestellt sein. Photoshop öffnet eine 12- oder 14-Bit-RAW-Datei aus der Kamera allerdings immer mit 16 Bit, wobei 4 bzw. 2 Bit ungenutzt bleiben, was aber nicht störend ist. In der Titelleiste eines Dateifensters von Photoshop ist zu erkennen, in welcher Bit-Tiefe die Datei vorliegt. Hinter dem Dateinamen steht die entsprechende Zahl. Z. B. enthält ein Bild mit der Kopfzeile „test.psd bei 100 % (RGB/16)" 16 Bit pro Pixel. Ein einmal in 8 Bit umgewandeltes 16-Bit-Bild (Befehl „Bild/Modus/...") erleidet Informationsverluste, die auch dann nicht wiederherstellbar sind, wenn man es wieder in ein 16-Bit-Bild zurückverwandelt.

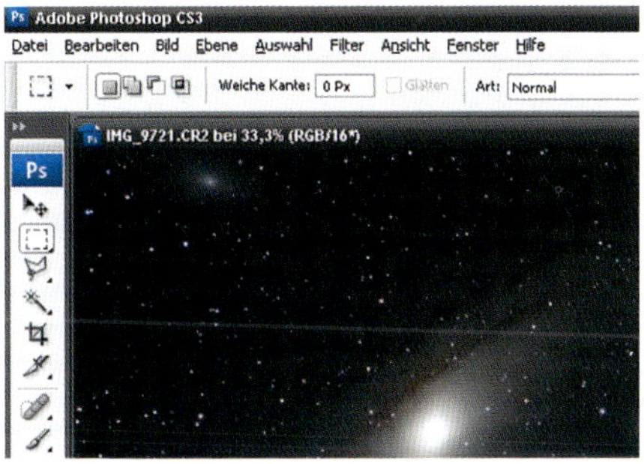

Grundsätzlich empfiehlt es sich, die RAW-Dateien aus der Kamera als 16-Bit-Datei in Photoshop zu öffnen und sämtliche Bearbeitungsschritte in dieser 16-Bit-Datei vorzunehmen. Ausgiebige Histogrammstreckungen (vgl. S. 136) beispielsweise sind dann möglich, ohne dass es Tonwert-

Reicht die Anzahl der darstellbaren Farbtöne nicht aus, entstehen treppenartige Stufen, die als Tonwertabrisse bezeichnet werden.

abrisse gibt, die sich durch unschöne „Treppenstufen“ in einem Foto bemerkbar machen, wo viele unterschiedliche Farben benötigt werden, etwa beim Helligkeitsverlauf einer Himmelsaufnahme in der Dämmerung. Obwohl Dateien mit 16 Bit Farbtiefe doppelt so viel Speicherplatz benötigen wie solche mit 8 Bit, empfehle ich die Aufbewahrung der Bearbeitungsergebnisse in Form einer 16-Bit-Datei (PSD- oder TIF-Format).

Bilder drehen und beschneiden Zu den fast alltäglichen Handgriffen der Bildbearbeitung gehört das Drehen und Beschneiden von Fotos. Wird die Kamera bei einer Landschaftsaufnahme nicht exakt waagerecht ausgerichtet, verläuft der Horizont schief. In Photoshop ist das Problem schnell behoben: Wählen Sie das „Linealwerkzeug“ aus, ein Linealsymbol, das erscheint, wenn Sie in der Werkzeugleiste mit der Maus auf die Pipette klicken und die Maustaste einen Moment lang gedrückt halten. Mit Hilfe dieses Linealwerkzeuges ziehen Sie nun – mit gedrückter Maustaste – entlang oder parallel des Horizonts eine Linie.

Wenn Sie jetzt den Befehl „Bild/Arbeitsfläche drehen/Per Eingabe…“ anwählen, erscheint ein Dialogfeld, in dem bereits der richtige Drehwinkel eingetragen ist. Bestätigen Sie einfach mit „OK“ und schon verläuft der Horizont exakt waagerecht.

Bild mit geradem Horizont, weiße Bereiche wurden beschnitten (s. u.).

Sie können auch einen anderen Weg wählen, bei dem Sie das Bild interaktiv mit der Maus drehen können: Markieren Sie einfach das gesamte Bild mit der Tastenkombination „Strg + A“ und wählen anschließend aus dem Menü den Befehl „Bearbeiten/Frei transformieren“. Nun erscheinen acht kleine Quadrate am Bildrand und eine zentrale Markierung in der Bildmitte. Die zentrale Markierung ist der Drehpunkt, der sich beliebig verschieben lässt.

Um die Drehung auszuführen, fahren Sie mit der Maus außerhalb der vier Quadrate an die Bildecken, dann ändert sich der Mauszeiger zu einem gebogenen Doppelpfeil (Abb. S. 135 o.). Mit gedrückter Maustaste können Sie nun das Bild frei drehen. Voraussetzung dafür ist, dass außerhalb des Bildes, aber noch innerhalb des Dateifensters, etwas Platz ist. Wählen Sie gegebenenfalls eine geringe Zoom-Stufe und vergrößern Sie das Dateifenster. Ist die Drehung abgeschlossen, bestätigen Sie das mit „Enter“. Nach einer Bilddrehung tauchen am Bildrand Bereiche auf, die mit der in Photoshop eingestellten Hintergrundfarbe gefüllt werden (Stan-

dard: Weiß). Durch Beschnitt der Aufnahme können Sie erreichen, dass diese Bereiche entfallen. Ein Beschnitt kann auch erwünscht sein, wenn Sie das Bildformat ändern möchten, etwa zu einem Quadrat oder zu einem schmalen Panoramaformat, je nachdem, was zum Motiv passt. Dazu drücken Sie am besten erst einmal die Tastenkombination „Strg + D“, um eine eventuell vorhandene Markierung zu löschen. Dann selektieren Sie das Auswahlrechteck aus der Werkzeugleiste (Taste „M“).
Mit der Maus ziehen Sie nun eine Box auf, die die Grenzen des auszuschneidenden Bildes repräsentieren. Sind Sie mit Ihrer Wahl zufrieden, wählen Sie den Befehl „Bild/Freistellen“.

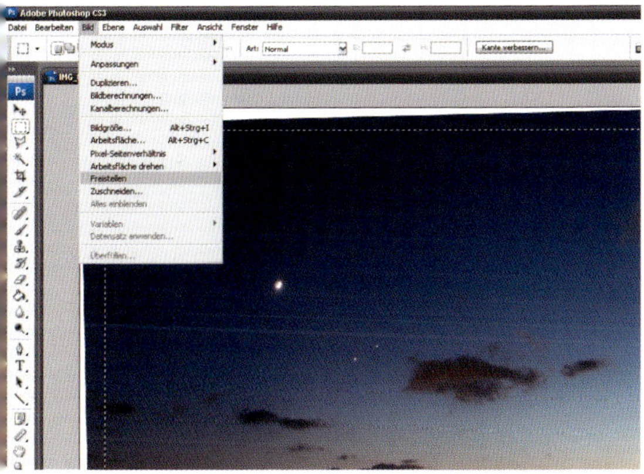

Histogramm Vom Histogramm war schon oft die Rede. Tatsächlich zählt das Histogramm und die Möglichkeit, es zu verändern, zu den mächtigsten Werkzeugen der digitalen Bildaufzeichnung und -bearbeitung und ist eine bedeutende Errungenschaft gegenüber der klassischen Analogfotografie mit Filmen. Es ist ausgesprochen nützlich zur Beurteilung des Tonwertumfangs und der Belichtung eines digitalen Fotos. Schon unmittelbar nach der Aufnahme kann das Histogramm geprüft werden, um festzustellen, ob die Belichtung korrekt war und ob der Helligkeitsumfang des Motivs von der Kamera bewältigt werden konnte. Nach der Aufnahme kann der Kontrast durch bewussten Beschnitt des Histogramms gesteigert werden und dafür gesorgt werden, dass im Foto alle denkbaren Helligkeitswerte zu finden sind. Ebenso kann in einem gewissen Umfang die Belichtung im Nachhinein korrigiert werden.
Handelt es sich um ein „normales“ Foto, also keines mit einem außergewöhnlich hohen Anteil an schwarzen Himmelsbereichen oder ein ausgesprochen monochromatisches Motiv, so ist es in fast allen Fällen vorteilhaft, wenn das „Histogrammgebirge“ die ganze Breite der Werteskala ausschöpft, und zwar in jedem einzelnen der drei Farbkanäle. Ungenutzte Bereiche links und/ oder rechts des Histogrammgebirges führen zu flauen Resultaten.
Probieren Sie es aus, indem Sie ein Foto mit Photoshop öffnen. Am besten einen ganz normalen Schnappschuss, der bei Tageslicht aufgenommen wurde. Wählen Sie „Bild/Anpassungen/Tonwertkorrektur...“ und stellen Sie den „Kanal“ auf „Rot“. Sie sehen jetzt das für den Rotkanal zutreffende Histogramm (vgl. Abb. Seite 136 oben).
Schieben Sie den Schwarzpunkt (schwarzes Dreieck unter dem Histogramm) so weit nach rechts und den Weißpunkt (weißes Dreieck) so weit nach links, dass das Histogrammgebirge gerade eben eingeschlossen wird, ohne es anzuschneiden. Wiederholen Sie diesen Schritt für den Blau- und den Grünkanal.

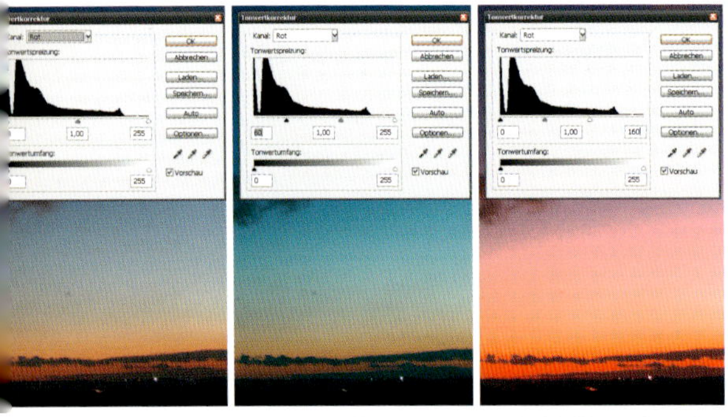

Verschieben des Schwarz- und Weißpunkts im Rotkanal (schwarzes bzw. weißes Dreieck).

Das Ergebnis ist nicht nur ein vom Kontrast her ausgewogenes Foto, sondern ein eventuell vorhandener Farbstich wird durch diese Aktion ebenfalls verschwunden sein. Dieses Verfahren können Sie in gleicher Weise auch auf viele Himmelsfotos anwenden, beispielsweise auch auf ein Mondfoto. Sie werden staunen, wie farbneutral der Mond nach dieser Prozedur erscheint!

Streckungen des Histogramms wie eben beschrieben werden am besten durchgeführt, während das Bild pro Pixel und Farbkanal 16 Bit aufweist. Das ist bei „entwickelten" RAW-Bildern der Fall (s. Seite 124ff). Ist ein Bild erst einmal auf 8 Bit/Pixel und Farbkanal reduziert, können durch Histogrammstreckungen unschöne „Treppen" in Farb- bzw. Helligkeitsverläufen entstehen (vgl. S. 133).

Auch bei der Belichtung leistet das Histogramm wertvolle Dienste. Nach der Aufnahme kann das Histogramm auf dem Kameradisplay kontrolliert werden (s. Abb. unten). Wichtig ist zunächst, dass es nicht rechts „anschlägt", das würde nämlich bedeuten, dass Teile des Motivs hoffnungslos überbelichtet sind und „ausfressen". Auch ein Anschlag links, eine Unterbelichtung, ist zu vermeiden, es sei denn, es handelt sich um große Areale des nachtschwarzen Himmels, dann läge es in der Natur der Sache.

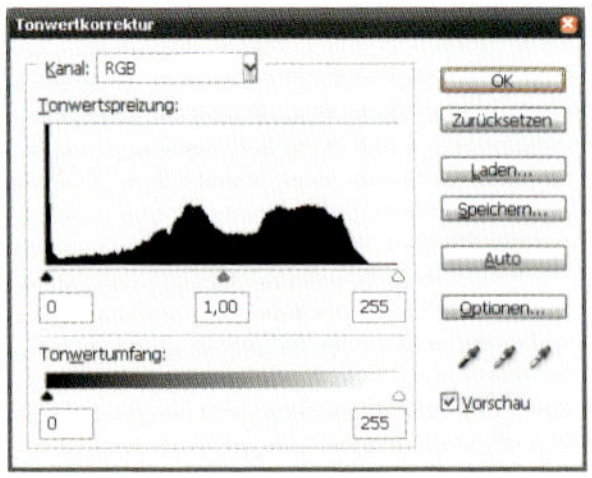

Doch ich möchte das Augenmerk auf Motive richten, deren Dynamik unterhalb dessen liegt, was die Kamera zu bewältigen imstande ist. Dann zeigt sich ein mehr oder weniger schlankes Histogrammgebirge, das durch unterschiedliche Belichtungen nach links oder nach rechts

Ein Farbstich bei einer Mondaufnahme kann durch Histogramm-Anpassung beseitigt werden. Wichtig ist nur, dass die Kanäle für die Farben rot, grün und blau einzeln bearbeitet werden.

verschoben werden kann, ohne dass es an einer Seite anschlägt. Die „beste“ aller möglichen Belichtungen ist in diesem Falle jene, bei der das Histogramm so weit wie möglich rechts positioniert ist, ohne dabei den rechten Rand zu erreichen.

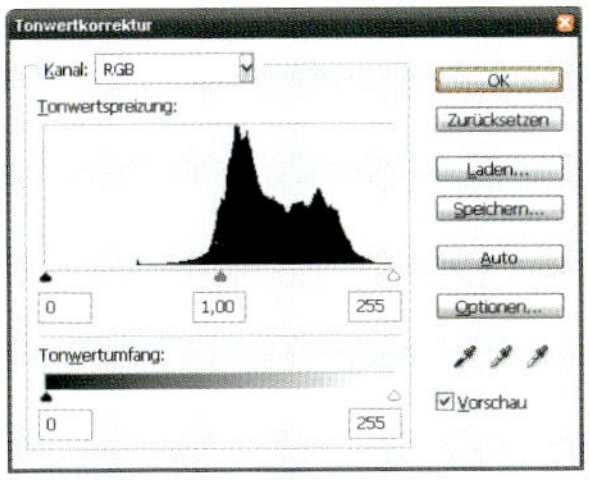

Der Grund ist einfach: Der Rauschlevel der Digitalkameras spielt sich im linken Teil des Histogramms ab. Durch eine reichliche Belichtung werden die eigentlichen Bilddaten jedoch rechts, also als helle Tonwerte erfasst. Dadurch wird das sogenannte Signal-/Rauschverhältnis optimiert, das bedeutet, das Signal ist viel stärker als das Rauschen, so dass Letzteres nicht mehr oder kaum noch zu erkennen sein wird.
Bei Mond- oder Sonnenaufnahmen z.B. kann diese Vorgehensweise sehr leicht praktiziert werden. Lassen Sie sich nicht davon irritieren, wenn bei der Bildwiedergabe in der Rückschau das Foto etwas zu hell wirkt, das kann später durch entsprechenden Beschnitt des Histogramms korrigiert werden. Dadurch fällt dann der linke Histogrammabschnitt, der das Rauschen enthält, praktisch komplett unter den Tisch. Dem Histogramm ist daher ein höherer Stellenwert einzuräumen als einer „gefälligen“ Darstellung der Bilder auf dem Kameradisplay.
Unter der *Gradation* versteht man die Wiedergabe aller Helligkeitswerte zwischen reinem Schwarz und reinem Weiß. Überwiegen schwarze und dunkle sowie weiße und helle Tonwerte, wirkt ein Foto sehr kontrastreich. Das Histogramm einer solchen Aufnahme zeigt links und rechts eine Bergspitze, in der Mitte eher eine Mulde (Abb. rechts oben).

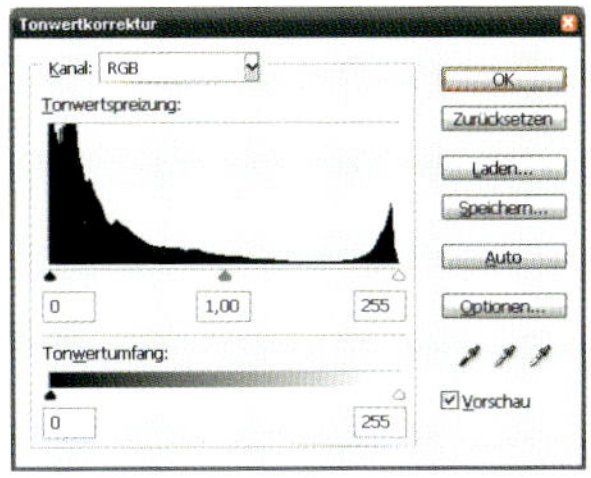

Kontrastarme Fotos hingegen wirken flau und zeichnen sich durch ein Histogramm aus, das sein Maximum im mittleren Tonwertebereich aufweist, während sowohl die ausgeprägt dunklen als auch die sehr hellen Tonwerte fehlen oder Mangelware sind.

Gradationskurve Manche Bildbearbeitungsprogramme kennen die Möglichkeit, mit Hilfe einer Tonwertkurve Einfluss auf die Gradation zu nehmen. In Photoshop lautet der Befehl „Bild/Anpassungen/Gradationskurven...“. Er ruft ein Dialogfeld auf, dessen Hintergrund das Histogramm anzeigt, überlagert von der Tonwertkurve, die anfangs eine Gerade bildet.

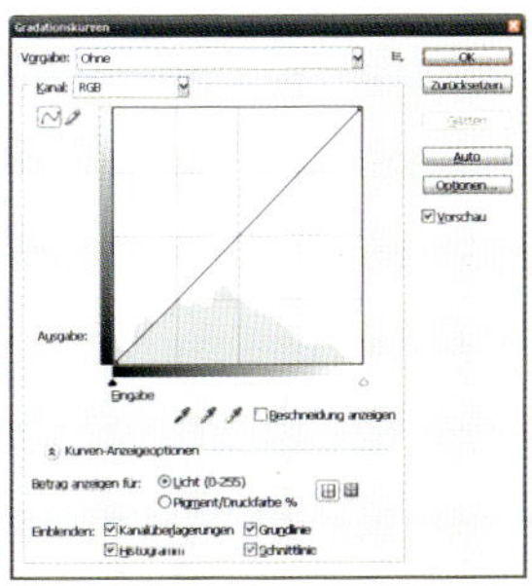

Die Möglichkeit, diese Kurve nun nach Gusto anzupassen, stellt ein mächtiges Werkzeug der Bildverarbeitung dar. Jeder Klick auf die Kurve generiert einen neuen Kurvenpunkt in Form eines kleinen Quadrates, der sich mit der Maus beliebig verschieben lässt. Da mehrere solcher Punkte gesetzt werden können, lässt sich die Kurve beliebig modifizieren. Um beispielsweise den Kontrast einer Aufnahme zu steigern, muss die Kurve von der Geraden in eine s-förmige Form gebracht werden. Dazu benötigt man zwei neue Kurvenpunkte. Durch einen Klick im linken Bereich der Gerade wird der erste Kurvenpunkt erzeugt und anschließend ein Stückchen nach unten gezogen. Das Ergebnis ist ein insgesamt dunkleres Bild, weil alle Tonwerte entsprechend der Kurve in ihrer Helligkeit reduziert werden.

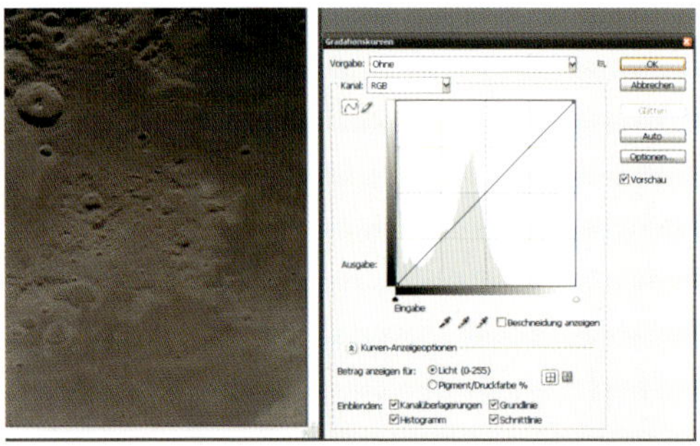

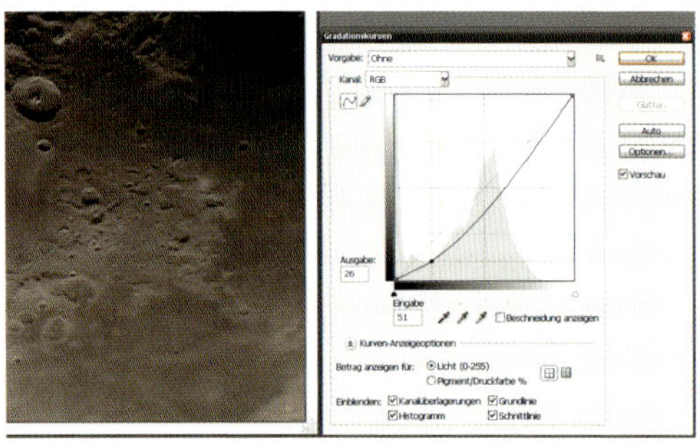

Nun wird ein weiterer Kurvenpunkt im rechten Teil erzeugt und nach oben verschoben. Jetzt ist der s-förmige Verlauf hergestellt und eine Kontraststeigerung das Ergebnis.

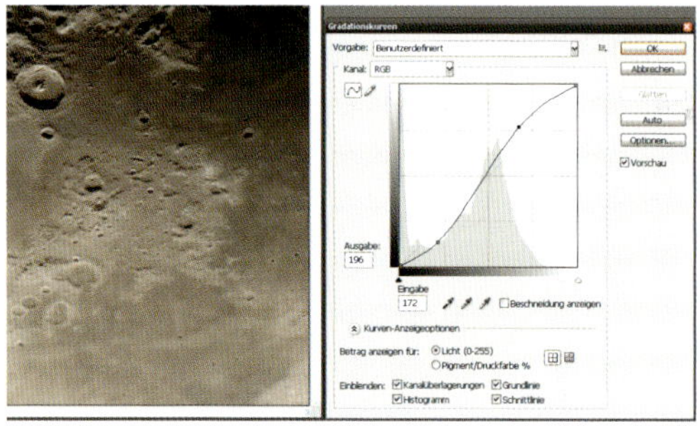

Was genau ist bei dieser Bearbeitung passiert? Durch Absenken des linken Kurvenbereichs wurden die Helligkeitswerte der ohnehin schon dunklen Bildbereiche nochmals abgesenkt. Dunkles wurde dadurch noch dunkler. Umgekehrt bei den hellen Bildpartien, die in ihrer Helligkeit durch Anheben der Kurve zusätzlich aufgehellt wurden. Beides resultiert letztlich in der gewünschten Kontraststeigerung.
Selbstverständlich funktioniert auch der umgekehrte Weg. Eine Anhebung der dunklen, im Histogramm links dargestellten Tonwerte, bei gleichzeitiger Absenkung der hellen, im rechten Teil des Histogramms wiedergegebenen Tonwerte mindert den Kontrast.
Auch die Anfangs- und Endpunkte der Kurve können verschoben werden. Wenn Sie zum Beispiel den rechten Anfangspunkt, den Weißpunkt, nach links ziehen, ist das gleichbedeutend mit einer Beschneidung des Histogramms. Ziehen Sie ihn nach unten, werden weiße Bildbereiche grau.

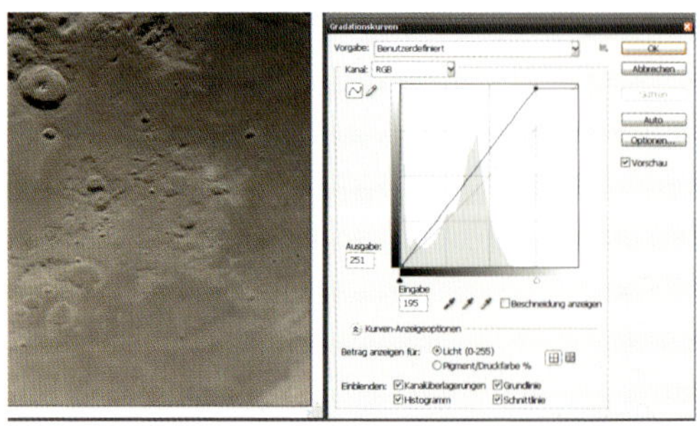

TIPPS: Einstellen der Gradationskurve

- Öffnen Sie das Dialogfeld „Bild/Einstellungen/Gradationskurven…" und klicken Sie mit gedrückter „Strg"-Taste in Ihr Bild. Photoshop fügt nun auf der Gradationskurve automatisch einen neuen Kurvenpunkt just an der Stelle ein, die der Helligkeit der angeklickten Bildposition entspricht.
- Bei „Kanal" ist standardmäßig „RGB" eingetragen. Alternativ können Sie dort auch „Rot", „Grün" oder „Blau" einstellen, um die Farbkanäle des Bildes einzeln zu bearbeiten. Das kann sehr nützlich sein, um einen Farbstich des Bildes auszugleichen.

Selektives Weich-/Scharfzeichnen Photoshop bietet mit den Befehlen „Filter/Scharfzeichnungsfilter/Unscharf maskieren…" und „Filter/Weichzeichnungsfilter/Gaußscher Weichzeichner…" die Möglichkeit, die Bildschärfe in der einen oder in der anderen Richtung zu beeinflussen.

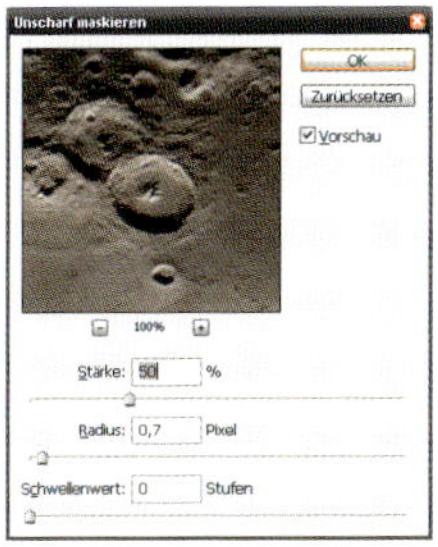

Schon beim Umwandeln von RAW-Dateien kann eine Schärfung erfolgen, was aber bei Aufnahmen mit Sternen oft nicht zum gewünschten Ergebnis führt (s. Seite 125). Andere Fotos vertragen eine Scharfzeichnung, z. B. Aufnahmen des Mondes oder der Sonne. Dabei ist behutsam zu Werke zu gehen, andernfalls droht die Bildung von unerwünschten Artefakten, etwa eine Doppelkontur am Mondrand.

Bei Aufnahmen lichtschwacher Objekte ist die Situation teilweise verzwickt: Ein heller Galaxienkern weist ein gutes Signal-/Rauschverhältnis auf und könnte eine Portion Scharfzeichnung vertragen. Allerdings wird dadurch das Bildrauschen in den lichtschwachen Außenregionen der Galaxie und des Himmels verstärkt, was unerwünscht ist. Daher möchte ich auf eine Methode hinweisen, die nur Teile des Bildes einer Schärfung unterzieht.

Verwenden Sie das Lassowerkzeug (Taste „L") von Photoshop und umfahren Sie großzügig den hellen Galaxienkern. Danach signalisiert eine blinkende, gestrichelte Linie den markierten Bereich.

Um keine harte Kante entstehen zu lassen, weichen Sie nun den Rand dieser Markierung auf mit dem Befehl „Auswahl/Auswahl verändern/Weiche Kante…" (Tastenkombination „Strg + Alt + D") und geben Sie als Wert zum Beispiel 20 Pixel ein.

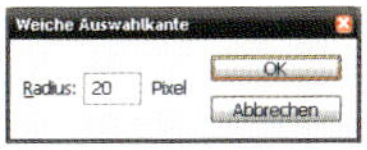

Erst danach führen Sie die Schärfung mit der Unscharfmaske durch, die sich jetzt ausschließ-

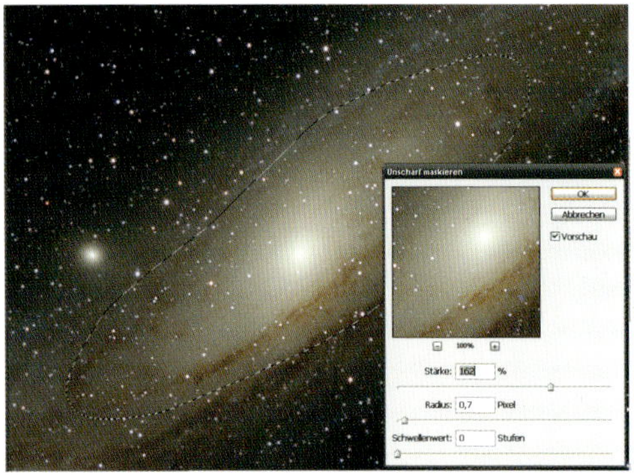

Geschärft werden nur die hellen Bereiche der Galaxie, um ein verstärktes Bildrauschen in den dunklen Partien zu vermeiden.

lich auf den zuvor markierten Bereich auswirkt. Den Mond können Sie mit einer kreisrunden Auswahl so markieren, dass zwar sein Inneres, nicht aber der kritische Mondrand in der Markierung enthalten ist und somit bei der Schärfung außen vor bleibt.

Auch die Erzeugung einer partiellen Unschärfe oder Rauschminderung kann bisweilen nützlich sein, um z. B. einen verrauschten Himmel zu kaschieren. Sehr nützlich ist dazu der Befehl „Auswahl/Farbbereich…“, mit dem alle Bildbereiche einer bestimmten Helligkeit mit einem einstellbaren Toleranzbereich automatisch markiert werden können.

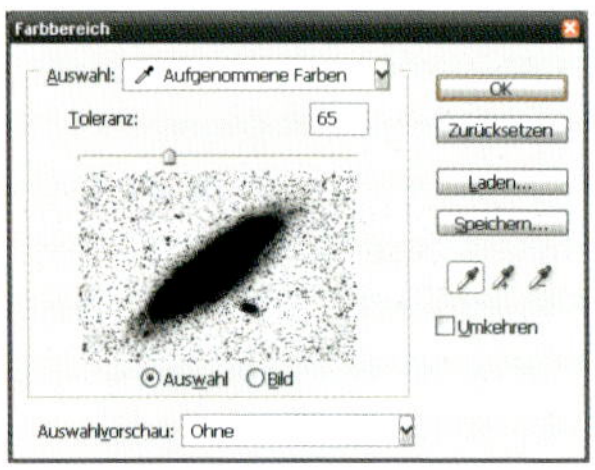

Klicken Sie mit der Pipette in den Bereich des dunklen Himmels und wenden Sie, wenn alle Himmelsbereiche markiert sind, den Befehl „Filter/Rauschfilter/Rauschen reduzieren…“ an.

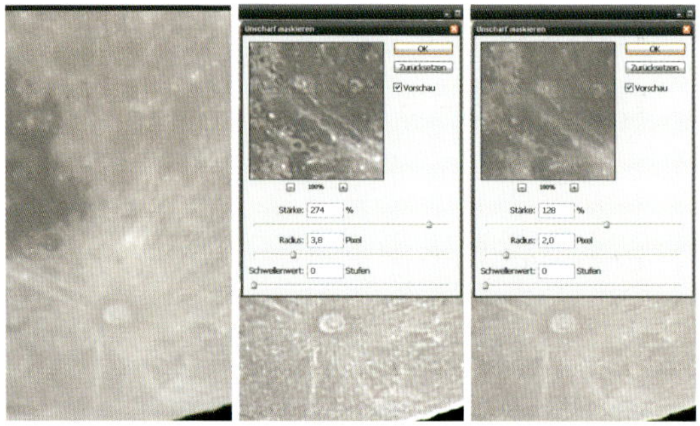

Nachschärfung eines Mondfotos: Rohbild (links), Überschärfung (Mitte), angemesse Schärfung (rechts).

Damit kann der Himmelsanteil entrauscht werden, ohne dass Sterne oder anderen Himmelsobjekte davon betroffen werden.

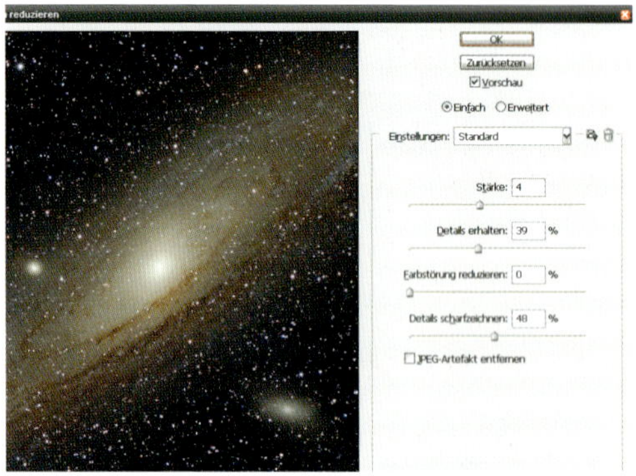

Weitere Tipps und Tricks finden Sie auf www.astromeeting.de/himmelsfotografie.htm. Dort erfahren Sie u. a., wie Sie durch Kombinieren mehrerer Aufnahmen das Bildrauschen verringern, wie Sie ein Bild erzeugen, in dem sowohl helle als auch schwache Bereiche eines Objekts dargestellt werden und wie Sie aus mehreren Einzelaufnahmen eine Animation erstellen können. Ebenso finden Sie dort jeweils eine Musteranleitung für die Bearbeitung von vier Fotomotiven aus diesem Buch (Seiten 8, 42, 66, 90).

Links, Adressen und Lesetipps

Softwarelinks

MaxIm DLSR und **MaxIm DL Pro** Kamera-Steuerung/Kalibrierung/Bildverarbeitung
Kommerzielle Software, Online-Bestellmöglichkeit, Webseite in englisch
http://www.cyanogen.com

ImagesPlus Kamera-Steuerung/Kalibrierung/Bildverarbeitung
Kommerzielle Software, Online-Bestellmöglichkeit, Webseite in englisch
http://www.mlunsold.com

Adobe Photoshop Bildverarbeitung
Kommerzielle Software, Online-Bestellmöglichkeit, Webseite in deutsch
http://www.adobe.de

Giotto u.a. Stacken von Planetenaufnahmen
Freeware (kostenlos), Downloadmöglichkeit, Webseite in deutsch
http://videoastronomy.org/giotto.htm

Registax u.a. Stacken von Planetenaufnahmen
Freeware (kostenlos), Downloadmöglichkeit, Webseite in englisch
http://www.astronomie.be/registax/

K3CCDTools u.a. Anzeige eines Leitstern-Drifts
Kommerzielle Software, Online-Bestellmöglichkeit, Webseite in englisch
http://www.pk3.org/Astro/k3ccdtools.htm

TheSky Planetariumssoftware (englisch)
Kommerzielle Software, Online-Bestellmöglichkeit, Webseite in englisch
http://www.bisque.com

Guide Planetariumssoftware (deutsch)
Kommerzielle Software, Online-Bestellmöglichkeit, Webseite in englisch
http://www.projectpluto.com

Starry Night Planetariumssoftware (englisch)
Kommerzielle Software, Online-Bestellmöglichkeit, Webseite in englisch
http://www.starrynight.com

Cartes du Ciel Planetariumssoftware (deutsch)
Freeware (kostenlos), Downloadmöglichkeit, Webseite in englisch
http://www.stargazing.net/astropc/index.html

IRIS Kalibrierung/Bildverarbeitung (englisch)
Freeware (kostenlos), Downloadmöglichkeit, Webseite in englisch
http://www.astrosurf.com/buil/us/iris/iris.htm

Virtual Moon Atlas Detaillierte Mondkarten
Freeware (kostenlos), Downloadmöglichkeit, Webseite in englisch
http://www.ap-i.net/avl/en/start

Startrails Erstellen von Sternspuraufnahmen
Freeware (kostenlos), Downloadmöglichkeit, Webseite in deutsch
http://www.startrails.de/indexd.html

CCDOPS Steuerung von SBIG-CCD-Kameras, u.a. Anzeige eines Leitstern-Drifts
Freeware (kostenlos), Downloadmöglichkeit, Webseite in englisch
http://www.sbig.com

Astronomielinks

Internetseite des Autors (englisch)
http://www.astromeeting.de

Portal für Downloads zu diesem Buch (deutsch)
http://www.astromeeting.de/himmelsfotografie.htm

Heavens-Above u.a. Berechnung von Iridiumblitzen und ISS-Überflügen, englisch
http://www.heavens-above.com

CalSky u.a. Berechnung von Iridiumblitzen und ISS-Überflügen, Finsternissen, deutsch
http://www.calsky.de

Arbeitskreis Meteore e.V., u.a. Datenbank mit atmosphärischen Erscheinungen, deutsch
http://www.meteoros.de

Arbeitskreis Meteore e.V., Polarlichtvorhersage, deutsch
http://www.meteoros.de/polar/polwarn.htm

Astrotreff das große Forum in Deutschland, deutsch
http://www.astrotreff.de

Astronomie.de Astronomie-Portal in Deutschland, deutsch
http://www.astronomie.de

Vereinigung der Sternfreunde e.V. überregionaler Astronomie-Verein, deutsch
http://www.vds-astro.de

Vereinigung der Sternfreunde e.V. Fachgruppe Kometen, aktuelle Kometen, deutsch
http://kometen.fg-vds.de

Astronomy Picture of the Day Astronomisches Bild des Tages (NASA) , englisch
http://antwrp.gsfc.nasa.gov/apod/

Spaceweather u.a. aktueller Status der Sonnenflecken, englisch
http://www.spaceweather.com/

Links zu Kameraherstellern

Canon DSLR
http://www.canon.de

Nikon DSLR
http://www.nikon.de

Pentax DSLR
http://www.pentax.de

Olympus DSLR
http://www.olympus.de

Panasonic Lumix DSLR
http://www.panasonic.de

Sony DSLR
http://www.sony.de

Baader-Planetarium LVI SmartGuider (Standalone Guider)
http://www.baader-planetarium.de

Händler für Teleskope und Fotozubehör

APM Telescopes, D-66780 Rehlingen
http://www.apm-telescopes.de

Astrocom, D-82152 Martinsried
http://www.astrocom.de

Astrolumina, D-41812 Erkelenz
http://www.astrolumina.de

Astroshop, D-86899 Landsberg
http://www.astroshop.de

ASA Astrosysteme, A-4600 Wels
http://www.astrosysteme.at

Baader-Planetarium, D-82291 Mammendorf
http://www.baader-planetarium.de

Fernrohrland, D-70736 Fellbach
http://www.fernrohrland.de

Galileo, CH-8049 Zürich
http://www.galileo.cc/deutsch/

Intercon Spacetec, D-86154 Augsburg
http://www.intercon-spacetec.de

Meade Europe, D-46414 Rhede
http://www.meade.de

Rainer Hönle, DSLR-Umbau, 86167 Augsburg
http://www.gletscherbruch.de

Teleskop-Service, D-85640 Putzbrunn
http://www.teleskop-service.de

Vixen Europe, D-47877 Willich
http://www.vixen-europe.de

Buchtipps für Hobby-Astronomen

Celnik, Werner E./Hahn, Hermann-Michael:
Astronomie für Einsteiger
Alle Infos für den Einstieg ins Hobby Astronomie

Dunlop, Storm/Tirion, Wil: **Der Kosmos-Sternführer**
Alle Sternbilder mit Fotos und Sternkarten

Dunlop, Storm/Rükl, Antonin/Tirion, Wil:
Der neue Kosmos-Atlas Sterne und Planeten
Große Karten und viele Informationen zur Himmelsbeobachtung (mit großen Mondkarten)

Eisert, Bernd/Heinrich, Richard/Reich, Gabriele:
Das Kosmos Wetterjahr
Wettergeschehen und Wetterkalender zum eigenen Eintragen

Karkoschka, Erich: **Atlas für Himmelsbeobachter**
Der handliche Klassiker unter den Sternatlanten

Mellinger, Axel/Hoffmann, Susanne:
Der Große Kosmos Himmelsatlas
Der ganze Himmel auf fotografischen Sternkarten

Ridpath, Ian/Tirion, Wil: **Der Kosmos Himmelsführer**
Alle Sternbilder des Nord- und Südhimmels im Detail

Keller, Hans-Ulrich: **Das Kosmos Himmelsjahr**
Das beliebteste Jahrbuch mit allen Infos für Hobby-Astronomen, erscheint jährlich im Herbst

Keller, Hans-Ulrich: **Das Kosmos Himmelsjahr DeLuxe**
Das Jahrbuch Kosmos Himmelsjahr mit CD mit zahlreichen Animationen, Daten und Grafiken

Klötzler, Heinz Joachim:
Das Astro-Teleskop für Einsteiger
Infos vom Fernglas bis zum größeren Teleskop

Sternkarten

Hahn, Hermann-Michael/Weiland, Gerhard:
Drehbare Kosmos-Sternkarte
Der Klassiker für den nächtlichen Einsatz im Freien

Karkoschka, Erich: **Drehbare Welt-Sternkarte**
Einsetzbar auf der ganzen Welt, auch auf der Südhalbkugel der Erde

Dunlop, Storm/Tirion, Wil:
Polaris Drehbare Sternkarte
Mit detailgenauem Kartenbild für höchste Ansprüche

Zeitschriften

Interstellarum, Oculum-Verlag, Erlangen
Zeitschrift für aktive Hobby-Astronomen

Sterne und Weltraum, Spektrum der Wissenschaft Verlagsgesellschaft, Heidelberg
Fachzeitschrift für Astronomie

Sky & Telescope, Sky Publishing Corp., USA
Das populärste englischsprachige Magazin

VdS-Journal für Astronomie,
Vereinigung der Sternfreunde e.V., Heppenheim
Das Mitgliedermagazin der Vereinigung der Sternfreunde (VdS) mit vielen Praxisbeiträgen

Register

Bildnachweis

Mit 144 Farbfotos und 54 Screenshots von Stefan Seip, www.astromeeting.de, sowie 2 Illustrationen von Gunther Schulz (S. 43, 115), Fußgönheim, und 5 Illustrationen von Gerhard Weiland, Köln (S. 117).
Die großformatigen Schmuckbilder zeigen:
S. 6/7: Stern Mira (Walfisch) im Maximum über den Bäumen vor Schloss Solitude, Stuttgart; S. 40/41: Wintersternbilder und der Planet Mars; S. 64/65: Abnehmende Mondsichel; S. 88/89: Der Orion-Nebelkomplex

Impressum

Umschlaggestaltung von eStudio Calamar unter Verwendung von 7 Farbfotos von Stefan Seip. Die Fotos zeigen eine Mondfinsternis, den Flammennebel NGC 2024 neben dem Stern Alnitak im Sternbild Orion, einen Gewitterblitz, einen Regenbogen, das aschgraue Mondlicht, den Sternhaufen h Persei und den Orion-Nebel (M 42).

Mit 144 Farbfotos, 54 Screenshots und 7 Farbzeichnungen

Gedruckt auf chlorfrei gebleichtem Papier

ISBN: 978-3-440-11290-8
Redaktion: Justina Engelmann
Produktion: Siegfried Fischer, Ralf Paucke
Printed in Italy/Imprimé en Italie